環境五訓・風土五訓物語

竹林 征三

はじめに

私達人類にとって水は生命を育む為になくてはならない大切なものである。水五則を音読することにより、日頃忘れがちな水の恩沢を認知することになる。

水五則の書かれている内容は老子や孫子の兵法にいろいろ書かれているとしても五則の形に整理した人は誰か、兵法にも通じ自分の名を如水と名付くなどにより、おそらく黒田官兵衛（如水）ではないか等いろいろの説があるが実はよく分かっていなかったが、昭和4年2月に発刊された雑誌『キング』に掲載された「大野洪聲の絵入教訓水五則」が一番古いのではという有力な説があらわれてきた。

水五則の作者は誰かという謎ときよりも水の特性だけでなく大地や大気や生類の特性も水五則と同じように私共人類はその恩沢を受けているが、そのことに一切気が付いていない。そのすばらしい特性を知れば大地や大気を汚染したり、生類を害益などという単純な仕分けなどしなくなるのではないかと考え、環境を構成している水圏以外に地圏、気圏、生類圏、それらの複合した環境や風土についても五訓を考えてみることにした。

環境五訓・風土五訓物語　目次

第一部　風土五訓へと至る道

1　風土五訓へ至る道

○西洋では世界の物質は四元素より構成されているという四元素説の考えが広く支持されてきた。四元素とは「土」と「水」と「気」と「火」である。可視的な「土」と「水」とこの両者は2つの不可視的な「気」と「火」を内部に孕んでいるとして、この四つの元素の間にはプラトンの輪という一連の周期的循環現象があり「火」は凝結して「空気」となり、「空気」は液化して「水」となり「水」は固化して「土」となり、「土」は昇華して「火」となる。この変化は逆方向にも行われる。「水」は昇華して「気」となり、「気」が集結して「火」となり、「火」は燃え尽きれば「土」となる。

○古代中国では万物は「木」「火」「土」「金」「水」の五種類の元素からなるという五行思想が生まれた。五種類の元素は互いに影響を与え合い、その生滅盛衰によって万物が変化し、循環すると考えた。

○古代インド哲学では宇宙を構成しているものは「地」「水」「火」「風」「空」の五要素であるとした。「地」は大地、地球を意味し、変化に対して抵抗する性質。「水」は流体、無定形な物、流動、変化に対して適応する性質。「火」は力強きもの、何かをするときの動機づけ欲求を表す。「風」は成長、拡大、自由を表す。又、「空」はサンスクリット語の虚空と訳される。古代インドでは「火」「水」「地」を「三大」又、「地」「水」「火」「風」を「四大」とし、これに虚空を加えて「五大」とする思想が現れ、さらに第六の要素として「識」を加えて「六大」とする思想がのちに出現した。数字の零を発見したインドである。「虚空」の大切さに気が付いた。

インド思想家と仏教徒との教学論議を経るうちに、仏教の思想体系、五蘊の思想、「色・受・想・行・識」中に取り込まれていった。

○更に、大乗仏教が生まれ、個人にとってあらゆる諸存在は唯八種類の識によって成り立っているとする大乗仏教の見解がうまれてきた。唯識学である。八種類の識とは五種の感覚（「視」「聴」「嗅」「味」「触」）と「意識」に更に二種類の無意識（「末那識」「阿頼那識」）の八つである。八種の識は総体として個人の広範な表象、認識行為を内包し、あらゆる意識状態やそれらと相互に影響を与え合う個人の無意識の領域を内包する。あらゆる諸存在は個人的に構想された識でしかない。しからば諸存在は主観的な存在で客観的な存在はない。それらの諸存在は無常であり生滅を繰り返す。諸存在は「空」であり実体のないものである。大乗仏教の「空」と「色」の思想である。「色即是空」「空即是色」である。般若心経で

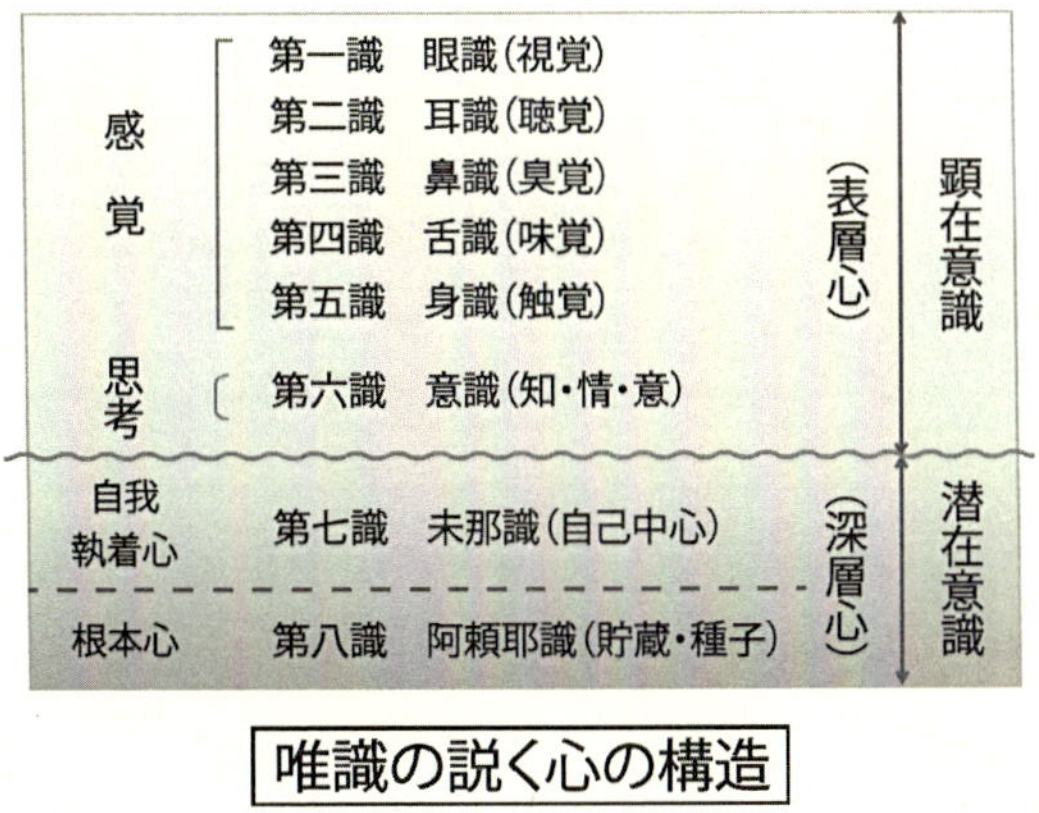

唯識の説く心の構造

ある。

○風土工学では環境・自然現象を構成する「水圏」「大地圏」「大気圏」「生類圏」と環境・人為現象を構成する）「歴史文化圏」（今に至る時が育んできたもの）「生活・活力圏」（未来へ続く現在の時が刻んでいるもの）を合わせて風土六大と言っている。

土木事業が環境破壊だとの世の中の批判が高まり、土木事業も環境との調和が求められてきた土木は大地を改変するので、「大地」との調和が前提である。

○まず洪水や渇水という量的な「水」だけでなく水質保全・水質浄化、富栄養化対策等・質が重要になってきた。そして水辺の生物等についての配慮が不可欠となってきた。

○次に大気現象としては車の排気ガス等による大気汚染問題、騒音問題等々との調和が求められている。さらにはごみ処理等で土壌汚染問題等大地現象についての配慮が求められてきた。

○「大地」とは何か、「大気」とは何か、「生類」とは何かを考えなければならない。土木事業に環境アセスメントが求められてきた。アセスメントの手法に見られるように、世の風潮は余りにも短絡的・即物的であり表相的である。それに対して本質的・根源的なところを考えてほしいと考え「水五訓」にならい「大地五訓」「大気五訓」「生類五訓」を作成した。

○さらにこれらの「水」「地」「気」「生類」等の個別な認識だけではなく、全体としての見なければ大きな齟齬をきたすことになることより「環境五訓」の思索に入った。

環境には「心」がともなっていない、「心」を入れることが求められている。風土工学の五要素は「水」「地」「気」「生類」の自然環境の四要素の五訓にそれにそれらの個別では抜けてしまう、全体として見た相互関係の見方が欠かせないことより「環境」五訓が重要なのである。

○さらに、土木事業にも見た目の景観が重要だということから景観設計が論議され出した。見た目のみの浅薄な論議ではダメだという警鐘をならしたいことから「景観十年、風景百年、風土千年」の概念や風土工学の構築を考えなければならなかった。そこで、「環境」と「風土」の違いは何かを明確にしなければならない。風土の風とは英語の概念である物理的・単純な風の概念ではなく東洋の4千年の文化をはぐくんできた概念であり、鳳凰「おおとり」のはばたき、文化を伝達する概念なのである。東洋の「風」「水」「土」の概念が重要である。風土五訓を作成した。環境として見るのではなく風土として見なければならない。しかし、環境までの五訓では一番大切な「心」の付加がない。文化が生まれてこない。環境に「心」を付加した「風土」についての考察・五訓が重要なのである。加えて風土工学の六大となる。すなわち「水」「地」「気」「生類」の五訓につづく「環境」五訓と「風土」五訓となる。

2　川を知り、大地とつきあう「水五訓」

—謙虚に、素直に、そして逆らわず—

河川を知り、敬い、馴らす―「知水」「敬水」「馴水」―

水に関する行政組織も治水・下水道は国土交通省、水道は厚生労働省、農業用水は農林水産省、工業用水・水力発電は経済産業省、水質・環境保全は環境省と多省庁にまたがり、河川・水の持つ多様な側面と水問題の困難性を表している。

河川と人間との関係を論ずる場合、これまでは治水と利水という二つの観点から接し付き合ってきた。また、昨今は治水と利水のみでは、いろいろな面で不都合な面が生じてきたので環境を加え、この三つの観点で論じられるようになってきた。しかし、私は治水・利水・環境という切り口も必要ではあろうが、知水・敬水・馴水という観点で水とつき合うことが重要であると思っている。

治水という言葉には、水は突如として狂暴大洪水になり、人に危害を加えるので、それを鎮め治めるというニュアンスが伝わってくる。人間と犬の関係でたとえるなら、狂犬を鎖につなぎ、おりに入れ、まだ不足のときは口輪をする。それと同じように、怒濤のような洪水を頑丈で大きな堤防を築いて治めようというようなイメージが伝わってくる。また、利水という言葉には、狂暴な犬でも通常はおとなしいので人間

黄河壺口瀑布

の暮らしに利用できるところがあるのではということで、玄関の番犬にでもしようではないかというようなムードがある。犬というものの本性をよく理解しようとせず、犬の表面的な挙動から犬に対応しているような感じである。人間様の一方的な勝手な対応であると思えてならない。犬の気持ちをよく理解してやり、その個性を尊重してやれば、犬は人間のように裏切るようなことはなく、実に従順で飼主のために尽くしてくれる。治水や利水という言葉には、水の性質の根本を深く理解してやろうとするよりは、むしろ表面に現れた現象から、それに人間様が物理的に対応しているような感じがある。

私は、まず水の本性を徹底的に知ろうとすることが大切であると思う。すなわち、まず「知水」である。昨今、水質や水辺の生態系などの環境問題が最重要問題に位置付けられ、都市等における雨水浸透を始めとする水循環の概念とその視点の重要性が認識されてきた。

水循環の概念とその視点の重要性を指摘したのは春秋戦国時代の老子が最初のものの一人ではなかったかと思われる。

かつて中国の思想家老子は、水の本性を徹底的に知ろうとした。その同名の著書の第八章に「上善は水の如し」とあり、また、第七十八章に「天下に水より柔弱なるはなし」、すなわち「この世の中で水ほど弱いものはない。そのくせ強いものにうち勝つこと水に勝るものはない。その理は水の弱さに徹しているからであり、柔は剛に勝ち、弱は強に勝つ」と記している。また、孫子もその同名の兵法書で「兵の形は水に象る。水の形は高きを避けて低きに趨く、兵の形は実を避けて、虚を撃つ」とし、水の本性を追い求め、三特性にまとめた。「まず一として、一定の形がなく器により形を変える柔軟性を持っている。二として、抵抗を避け、低い所へ低い所へと流下する特性を持っている。そして三として、使いようによっては岩石をも打ち砕くエネルギーを秘めている」とした。これらの水の特性は『孫子』『呉子』と並んで古くから評価の高い兵法書『尉繚子』でも「勝兵は水に似たり」と看破されており、「水はきわめて柔弱であるが、行く手をさえぎるものは、たとえ丘陵でも打ちくずしてしまう。それは他でもない。水の性質に集中性と不変性が秘められているからである。今、将が鋭利な武器と堅固な甲冑に身をかため、大軍を率い、変幻自在な戦略にもとづいて水のように行動すれば、天下に敵するところはない」と説かれている。これら旧い中国の兵法書は、いずれも兵法の真髄は水の本性そのものであるとしているのである。

このように水の本性を見抜いた老子や孫子や尉繚子の表現を、「水五則」(「水五訓」とも言われている)として整えたのは、諸説があるようだが一説にかつては安土桃山時代の名武将黒田官兵衛(如水)ではないかといわれてきた。

一、みずから行動して他を動かしむるは水なり
一、常に己の進路を求めて止まざるは水なり
一、障害に遭いてその勢力を百倍するは水なり
一、みずから潔くして他の汚れを洗い清濁併せて容るるの量あるは水なり

一、洋として大海を充し、発しては蒸気となり雲となり雪に変し霰と化し、凝りては玲瓏たる

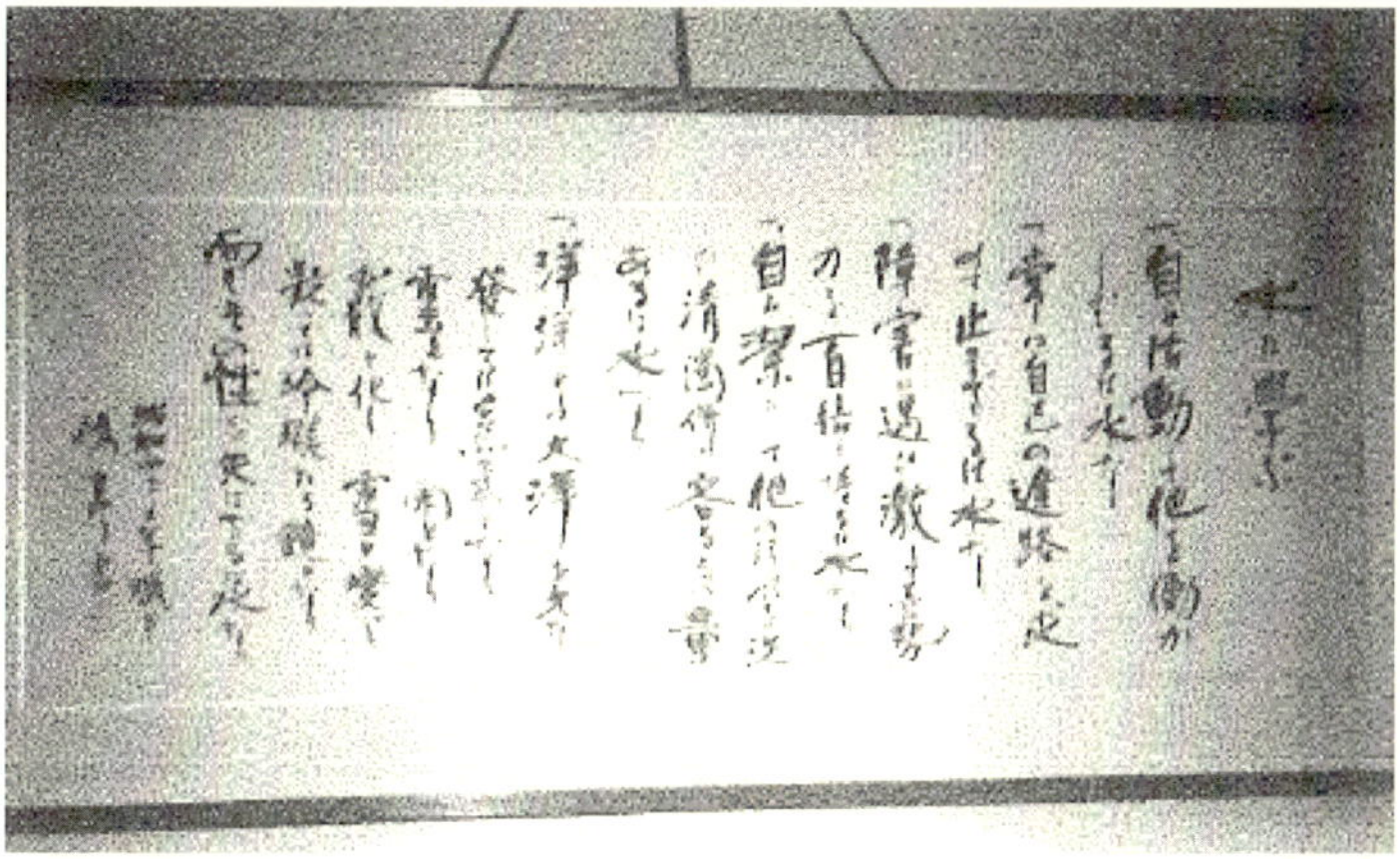

建設省河川局長室にかかる「水五訓」。書家　金子鴎亭による

水五則

一、みずから行動して他を動かしむるは水なり

一、常に己の進路を求めて止まざるは水なり

一、障碍に遭いてその勢力を百倍するは水なり

一、みずから潔くして他の汚れを洗い清濁併せて容るるの量あるは水なり

一、洋として大海を充し、発しては蒸気となり雲となり雪に変し霰と化し、凝りては玲瓏たる鏡となり而もその性を失わざるは水なり

鏡となり而もその性を失わざるは水なり

水は潜熱を保持し、固液気の三体の状態、そして静と動の変化のなかで、溶解能、浸透能、掃流能および自浄能など、実に多くのすばらしい能力を保持する。この魔力を秘めた物質を、五訓は実にうまく表現したものである。この水五則に表現された水の本性の真髄を思うとき、水を治める「治水」とか水を利用する「利水」とかの言葉には、人間の水に対する傲慢で不遜な接しかたがひそんでいるように思えてならない。水の真髄を思えば、水に対し人みずからまず敬虔な、そして謙虚な気持ちにならざるをえない。

「知水」の次は素直に「敬水」ということになる。河川技術者として河川に対するとき、まずその地における水とその他の先人のかかわりの歴史などを徹底的に調べたうえで、その地における水の本性をうやまい、敬虔な気持ちで処さなければならない。すなわち「敬水」である。そして処方の基本を私は「馴水」であると考えている。水の本性にさからう設計などは絶対に避けるべきであり、水の本性に素直になじむ工法をいかに行うかが河川技術の真髄であると思う。「治水」「利水」「環境」という観点も決して不用とは言わないが、私は「知水」「敬水」「馴水」という観点から、少なくとも河川技術者は水に対処しなければならないと考えるものである。

水五訓（則）は水道事業とか河川事業に携わる者の間では非常に有名な名文句である。この水五訓（則）は誰が作ったのか、黒田官兵衛（如水）がつくったのではないかと言われてきたが、

挿入教訓　水五則《そく》

◇自ら活動して他を働かしむるは水なり

◇常に自己の進路《しんろ》を求めて止まざるは水なり

◇障碍に遭《あ》ひ、激しくその勢力を百倍《ばい》し得るは水なり

◇自ら潔うして他《た》の汚れを洗《あら》ひ、清濁併せ容るゝの量あるは水なり

◇洋々として大洋《たいやう》を充《み》たし、發《はつ》しては蒸氣となり雲《くも》となり、雨《あめ》となり、雪と變じ霰と化し、凝つては玲瓏たる鏡となる、而《しか》も其性を失はざるは水なり

大野洪聖

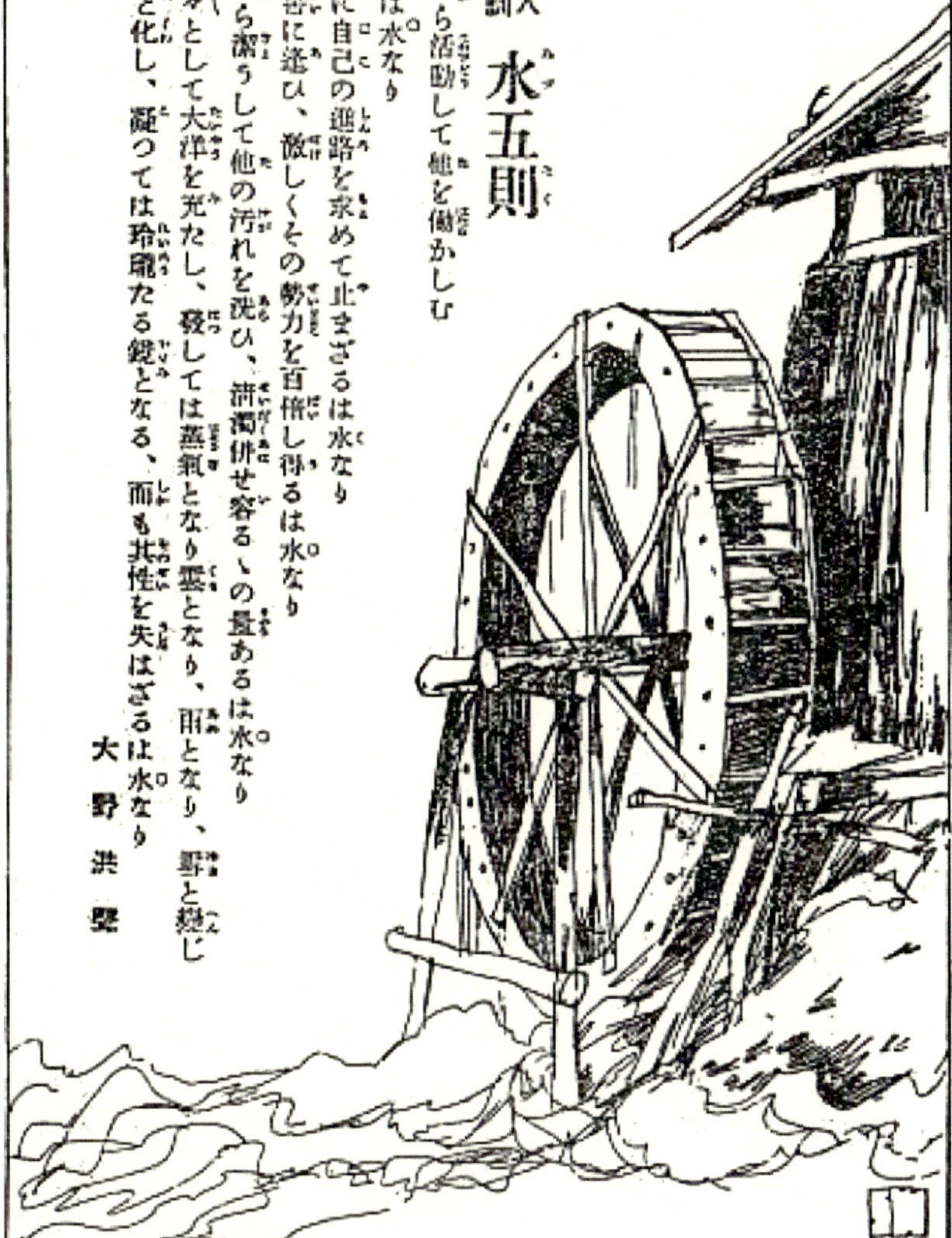

キング、昭和４年２月号、講談社、157ページ、より転載

その確証はなかった。私もこの名文を何度か引用させていただいたが黒田如水がつくったといわれている、ということでお茶を濁してきた。

建設省の河川局長をされた松田芳夫氏が大変な執念の末、ついにそれらしき人を探し当てた。大野洪聲氏で雑誌『キング』の昭和4年2月号のP157に絵入教訓「水五則」ではないかという。大変な快挙で敬意を表したい。私は鼻からあきらめて「水五訓」が作られたなら「大地五訓」「大気五訓」「生類五訓」「環境五訓」「風土五訓」等を次々作成してみることにした。

3　大地を知り、敬い、馴らす―大地と接する「大地五訓」―

ダム築造に携わる技術者は、河川の流れをせき止めるために大地を刻する彫刻家でもある。川の本性を知りつくした河川技術者であるとともに、大地の本性を観破する目を持つ地質技術者であることが要求されている。

人間は、諸活動の場である大地を、どのような対象として取り扱ってきたのであろうか。理学的知的好奇心を満たすための地球物理学や地質学からのアプローチを別にすれば、大地を土壌学、岩盤工学、土質力学、砂防学、防災工学、資源工学等の実学的対象として取り扱ってきている。これらは、見方を変えれば二つの観点からの実学とみることができる。すなわち、土壌学、岩盤工学、土質力学、砂防学、防災工学等は、大地を人類の諸活動の場を提供してくれる「地盤」ととらえ、それを研究対象としている実学である。一方、資源工学は、大地を人類に恵みを与えてくれる「資源」ととらえ、それを研究対象としている実学である。

以上のように人類は、これまで、人類の諸活動の場としての「地盤」と、人類への恵みを与えてくれるものとしての「資源」という二つの観点から大地を取り扱ってきていた。昨今、環境問題への関心が大変高まる中、環境地質学、環境地理学等の、環境問題の対象として大地を取り扱うという観点が新たに芽生えてきている。すなわち、人類は大地を「地盤」「資源」「環境」という三つの観点で見、つきあってきた。

私は、以上のような三つの観点から大地を取り扱う切り口も有効で、必要なことに何ら異をはさむものではない。しかし、今後、人類は見方を変え、「知地」「敬地」「馴地」という観点で

大地五則（大地五訓）

一、峨々たる山陵、荒涼たる砂漠、底知れぬ大海底、千変万化の様態を呈し、水循環、大気循環の舞台をつくるは大地なり

一、動かざる様態を呈しつつ、ある時は電光石火の如く、又、ある時は人知れず粛粛と古きを新しきものにつくり変える過程を着実に刻むは大地なり

一、生命をはぐくむ万物に活動の場を与え、その最後を受け入れる広き器あるは大地なり

一、太陽からのエネルギーを態を変え、蓄積し、おごることなく人々に深き恵みを与えてくれるは大地なり

一、地球生誕四十六億年の歴史を、いつわることなく克明に記録しそれを追い求める人々に、その度合いに応じ、歴史の一こま一こまをロマン満ちた物語として語ってくれるは大地なり

竹林征三撰

大地とつきあうことが求められているように思えてならない。水とつきあう場合の「知水」「敬水」「馴水」と全く同じ観点である。「地盤」という言語や、土壌、岩盤、砂防、防災等の言語からは、人間様の一方的な都合のみから大地を見、征服・制御する対象として取り扱おうとしているニュアンスが伝わってくる。たとえば土壌学とは、農作物という人間様の食糧となるもののみを育むものとして大地をとらえ、化学肥料等により改良すべき大地という取り扱いである。

水の本性は前述のように、水五則、あるいは水五訓という形で表現されている。それに対比する形で、「大地五則」（大地五訓）を考えてみた。

一、峨々たる山陵、荒涼たる砂漠、底知れぬ大海底、千変万化の様態を呈し、水循環、大気循環の舞台をつくるは大地なり

一、動かざる様態を呈しつつ、ある時は電光石火の如く、また、ある時は人知れず粛粛と古きを新しきものにつくり変える過程を着実に刻むは大地なり

一、生命をはぐくむ万物に活動の場を与え、その最後を受け入れる広き器あるは大地なり

一、太陽からのエネルギーを態を変え、蓄積し、おごることなく人々に深き恵みを与えてくれるは大地なり

一、地球生誕四十六億年の歴史をいつわることなく克明に記録しそれを追い求める人々に、その度合いに応じ、歴史の一こま一こまをロマン満ちた物語として語ってくれるは大地なり

(1) What acts for itself and lets others move, that is the water.
(2) What seeks always its own course, that is the water.
(3) What increases its own power one hundred times once encountering with many obstacles, that is the water.
(4) What purifies itself, washes other's stain and has a broad-mindness being tolerant of the good and eveil combined together, that is the water.
(5) What fills the sea as an ocean, turns into clowds, snow and mist after emerging as steam, and becomes a bright mirror after freezing, but never loses its own nature, that is the water.

水五訓の英訳

(1) What exists in such various situations as rugged steep mountain ridges, desolate deserts and unfathomable deep ocean botoms, and sets a stage for water and air circulation, that is the earth.
(2) What exists in unmovable situation and carves its process steadily from old to new like a streak of lightning at sometime, or in silent and secret at sometime, that is the earth.
(3) What provides in all of the living creatures with spacious places to live and act, and finaly to die out, that is the earth.
(4) What accumulates solar energy by changing surrounding situations and provides people with deep blessings without haughtiness, that is the earth.
(5) What records scrupurously its 4.6 billion years history since its bertth and narrates it one by one as a romantic tale to history-chasing people, depending upon their abilities, that is the earth.

大地五訓の英訳

土木技術者は大地からのメッセージに耳を傾けなければならない

私は、大地に刻する彫刻家としての土木技術者は、その場所ごとに千変万化の多様な特性を有するものを、まず徹底的に知ろうとすることが大切であると思う。すなわち、まず「知地」である。地を知れば知るほど、大地五則に表現されている地の本性の重みが感じられる。「地盤」とか「資源」とかの言葉には、人間の大地に対する、やや傲慢にして不遜な接し方がひそんでいるように思えてならない。

岩盤工学や土質力学等は、人間様が構築する構造物の基礎として、構造物を縁の下でささえる舞台裏の裏方として大地を取り扱ってきている。砂防学や防災工学等は、人間様の安心生活に、はなはだ迷惑な挙動をする大地を、強引に押さえ込んでしまうというニュアンスが伝わってくる。

一方、「資源」という言葉は、石油や石炭等の地下資源は人間様が一方的に利用する対象であるという観点から大地を見、取り扱っている感じがする。「地盤」や「資源」という観点から大地を取り扱うことは、人間の一方的な勝手な対応であると思えてならない。大地は動物ではないので犬のように吠えないが、いろいろな表情で、人類へ様々なメッセージを伝えようとしている。

ひとたび汚染された大地は、人類のタイムスケールからはほど遠いタイムスケールでなければ回復してくれない。無謀な地下資源の採取は枯渇をきたし、その再生には途方もない地球的タイムスケールが必要とされる。大地が人間へ送り続けている活断層運動や液状化、侵食、火山活動、地震等々の地球が発するいろいろなメッセージに、もっともっと謙虚に耳を傾けなければならないのではないだろうか。

大地は千変万化の様態を呈している。その個性を深く理解し、尊重して評価してつきあうということになれば、その対応も自ずから異なってくる。「地盤」や「資源」という言葉には、大地の本性の根本を深く理解してやろうとするよりは、むしろ表面的な現象に人間様が物理的に対応しているという感じが伝わってくる。

大地の真髄を思えば、大地に対し人みずから、まず敬虔な、そして謙虚な気持ちにならなければならない。「知地」の次は素直に「敬地」ということになる。大地に刻する彫刻家たる技術者は、大地をまず徹底的に調べつくし、知りつくす努力をする。大地はその努力の度合いに応じ、必ず奥深いメッセージを送ってくれる。その地における土地の本性を知れば、敬虔な気持ちに自ずからなる。そして、大地に刻むその処方の基本は「馴地」である。大地の本性に素直になじむ工法である。人間様の都合ばかり優先した、大地の本性に逆らう無理な設計は、「知地」「敬地」の観点からは出てこない。

土木構造物の中でも特に大地に根ざさなければならないダムを築造する大地の彫刻家には、この「知地」「敬地」「馴地」の観点が絶対に不可欠であると考える。ダム築造に当たっては、まず徹底した「知水」「知地」、そして「敬水」「敬地」の気持ちで、「馴水」「馴地」の設計を行うということである。

「馴水」「馴地」の精神で設計された構造物ダム堤体の、動かざる部分を構成する素材は、土石か、人類が発明した最大の理にかなう建設素材であるコンクリートである。一方、流水を制御する可動部分ゲートやバルブ類を構成する素材は、人類が発見した最大の金属であり人類文明を開化へと導いた素材、鉄である。

築堤するということは、これらの土石、コンクリートおよび鉄でもって、それらの持つ利点を最大限に発揮させるようにし、また、反対に不得手な性質を相補って、理にかなう構造物を一層一層着実に築き上げるということである。

4　大気環境問題と大気五訓

1．はしがき

日本は水と安全のありがたさを知らずタダだと思っている国民だとよく言われる。これは相当誇張した表現であろうが、世界中から見ればそう言われてもしかたがない面がある。しかし、大気のありがたさに関して日本人だけではなく世界中の人々は当然のことタダでそのありがたさを知ろうとしていない。

かつて、産業革命（１７６０年代）の頃は、ロンドンは「煙の都」と言われ「煤煙」が繁栄・工業化のシンボルであり、英国民の誇りそのものであった。煤煙を自慢することは環境問題の甚だしい現代からは考えられない事である。このことは日本においても同様で川崎、四日市等工業コンビナートからの煙は工業化のシンボルであり、公害が激化しだした１９６０年頃までは清浄な空気のありがたさを知ろうとする気さえなかったと言っても過言ではない。更に、近年、中国の大気汚染問題は極めて深刻な問題である。中国にはタクラマカンン砂漠やゴミ砂漠などの大砂漠地帯の拡大化に加え、黄土地帯の砂、更には急速な工業化にともなう工場からの排ガス等も加わり、それが風に乗り日本の上空まで飛来してきて、日本の大気に影響してきている。人類にとって清浄な空気は水以上に一刻たりとも欠かせない存在である。

人間の日々の生活行動で一番気がかりなのはその日の天気であり、又、明日の天気である。又、人と人との間で非常に気にして一喜一憂しているのが人気・人様の気配であり、人間の社会経済活動との間で結果表れてくる気配が景気であろう。これらの三つの気「天気」「人気」「景気」全て空気を媒体として人間の生存や社会活動に大きな影響を及ぼしている。

2．大気環境問題

人間の生存と社会活動に非常に大きな影響力を及ぼすのが空気の存在である。この大きなポテンシャルのある大気とどう付き合ってきたのであろうか。

地球の温度を０・数度下げる、火山活動による噴出物（噴煙）、火山灰の降灰、それに毎年おそってくる台風等にはその天気予報は近年、気象衛星により格段に精度は上がってきたが、まだまだ万全とは言い切れないところが現状であろう。

地下鉄サリン事件等の空気を媒体とする凶器によるテロには有効な対処方法が見いだせないでいる。酸性雨の問題、黄砂飛来の問題、フロンによるオゾン層の破壊の問題、これらはいずれも、ある程度の時間をかけて徐々にジワリと影響が着実にでてくるものであるだけに、その対応も人間の社会活動の根本から改善が求められているだけに有効な対処が見い出せないでいる。

これまで排気ガスに対しては脱硫・脱硝装置や換気装置、騒音問題に対しては遮音壁や消音装置等、その場その場で人間の社会活動でボロが出たところをペイントで塗り消しているような対応策のような感じがしないでもない。

3. 莫柔弱於大気。而攻堅強者

まず気の本性を徹底的に知ろうとすることが大切であると思う。即ちまず「知気」である。水の本性を徹底的に知ろうとした老子は「この世の中で水ほど弱いものはない。そのくせ強いものに打ち勝つこと水に勝るものはない。その理は水の弱さに徹しているからであり、柔は剛に勝ち、弱は強に勝つ」(老子第78章)と観破した。老子の水に関する考察を水五則の形に整えたのが水五則である。

見方をもう一歩深めれば水より更に弱く、更に強いものに打ち

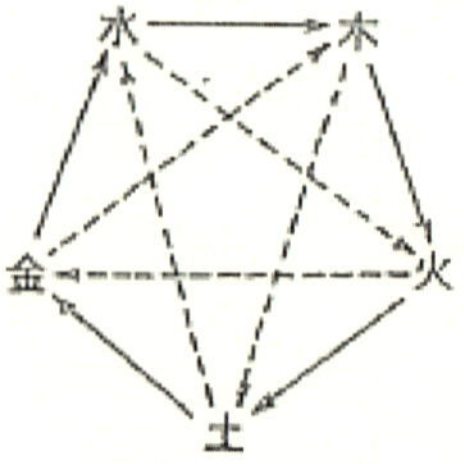

五行説の相生相克関係

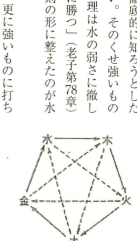

勝つこと水に勝る存在のものがある。水よりもさらに弱いものの存在がある､それが空気である。老子の第78章の「水」をそのまま「大気」あるいは「空気」と置き換えればそのまま成り立つ。

これを観破したのが中国からの古来の陰陽五行説である。

天地の間の動きを巡っている木・火・土・金・水の五つの要素によって万物が組成されているとした。木より火を生じ、火より土を生じ、土より金を生じ、金より水を生じ、水より木を生ずるとする［相生の思想］と、木は土に、土は水に、水は火に、火は金に、金は木に剋つとした［相剋の思想］を唱えている。

陰陽五行説はもともと、老子が万物の始源は道であり、そしてそれらは、すべて陰と陽からなる、と説いた万物の根本原理、陰陽二元説（「道は一を生ず、一は二を生じ、二は三を生じ、三は万物を生ず、万物は陰を負うて而うして陽を抱く」老子、下篇第42章）と、古代中国で万物の根源としての木、火、土、金、水の五行説とか一体となったものである。いろいろな観点があるが、木は生物を代表し、火は大気を表し、土は大地を表し、金は人間社会活動を表し、水は水そのものであると見なすことができる。

環境を構成する五要素が五行説の木・火・土・金・水ということになる。

陰陽五行説は近代科学の未熟な時代に環境を取り巻く五要素（生物圏、大気圏、大地圏、人間社会圏、水圏）の相互関係を解明しようとしたものと見なせる。

［相生、相剋の思想］は五要素の相互関係のうち一番顕著な関係を表現したものと見なすこと

が出来る。そういう意味である一面を捕らえていることは間違いない。しかし環境を構成する五要素の相互関係は五行説で構築した相生、相剋関係以上に複雑に関係し合っているということであろう。

4．大気五訓

環境学を構築するということは近代科学が解明した五要素間の相互関係の知見を駆使した現代の最新の五行説を打ち立てるということであると考える。水五則・五訓に習い、大気五則・五訓を考えて見た。

陰陽五行説が観破したように水より奥の深い大気の法則をまず徹底的に知らねばならない「智気」である。

現在の「気象学」「地球物理学」「流体力学」等々

大気五則・五訓

一、生ある万物に生存空間と活動エネルギーを与えてくれるは大気なり

一、生ある万物に四季の変化を通じ、時の概念を教えてくれるは大気なり

一、あらゆる空間を充たし、森羅万象・天変地異の大気現象を律し、地球上の万物を守ってくれるは大気なり

一、人と人、人と自然との空間を充たし、あらゆる音情報を媒介し、文化の花を咲かせてくれるは大気なり

一、ある時は種となり電撃的にまた、ある時は従となり粛々と劫の時を経て、不動の大地をも変化させる強烈なポテンシャルをうちに秘めているは大気なり

いろいろなアプローチがなされているが地球温暖化、オゾン層の破壊、酸性雨等々の有効な解決にあたっては、解明への第1歩を踏み出した段階ぐらいではなかろうか。大気の持つ奥深い本性を思う時、「智気」の次は素直に「敬気」と言うことになる。

大気の奥深い本性を思う時、大気環境問題に対する対策は「馴気」の思想が欠かせない。

5．おわりに

大気環境問題は地球温暖化、オゾン層の破壊、酸性雨の問題、黄砂飛来等いずれも、水質汚染の問題等よりスケールが大きく、いわゆる地球環境問題と言われるもので、その解決策についても更に複雑で文明問題の根底に根ざすものを避けて通ることが出来ないものである。

水にかかわる環境問題よりも大気に関わる環境問題の解決が更に複雑で困難性を伴う原因は、大気は水よりも弱いという相剋の本性によるものである。

5　生物の種・絶滅危機と生類五訓

1．生物の害と益

植物や動物等の生物と人間との関係を論ずる場合、これまで「害と益」と「食料」・「産業」等の対象としての生物という二つの観点から見てきた。即ち、人類社会に害を及ぼすものを害虫、害鳥、人類を滅亡へ導かんとするウイルスや猛獣等はいわゆる天敵である。一方、役に立つものを益虫、益鳥 etc というように仕分けて生物を見てきた。もう一つの観点は農林業の対象として植物、水産業の対象としての魚類、畜産業の対象としての動物等々と、これまでは主として第一次産業の対象として生物を見てきた。さらに昨今、医薬品の対象としての菌類や、近年のバイオテクノロジーの発展にともない種の多種性の価値というよりは生物遺伝子の多様性の価値が見直されてきたことにより、第2次産業というよりも先端産業の対象として生物を見るようになってきた。このような背景のもと昨今は環境問題が大きな社会問題になるに及んで生物との共生、という概念が大きく脚光を浴びるようになってきている。

しかし、私は私共人類の生存と繁栄を築きあげてくる過程においては害・益としての生物、産業の対象としての生物という切り口が非常に有効であったし、これからも必要であろうとは思うが、これからの末永き人類の持続的繁栄を願っては、共生という概念は非常にムード的に素晴らしいが、エイズ菌やウイルス等人類を滅亡に追込まんとするいわゆる天敵との共生等は考えられないことから、若干どころでなく多いに考えさせられるところがある。これからは共生というムード的な観点ではなく智生、敬生、馴生という観点で生類と付き合うことが重要であると思っている。

害・益という言葉で生物を分けるやり方には、人様の一面的な底の浅い短絡的な価値観から生物を仕分けしているように感じられてならない。

人類の生活の衛生上の観点から嫌われている害の代表的な黴菌類の微生物類は、実はゴミ等の文明廃棄物を時間をかけ土に戻すリサイクル過程の最大貢献者であると共に、将来人類を滅亡へと導かんとするウイルス等への特効薬になるものもそれらの種の中に存するのである。現在未だ全て解明されていないが、未来の人類の繁栄に大きな役割を果たすであろう種の遺伝子的価値の重要性は、計り知れない程大きい。

また、元々生物は食物連鎖のどこかの一翼を担っていると共に複雑で錯綜し、そして微妙なバランスによって成立つ生態系の一部を構成している。このようなことを考えれば、到底簡単に害・益の仕分けができるようなものでは決してない。

人類が生きていくためには食料としての穀物類、魚介類、肉類等の炭水化物や動植物性蛋白質等々の栄養を取ることは不可欠である。

人口の増加と共に多量の食糧確保が必要となってきた。

人類の智恵で穀物を得る合理的な方法として農業技術が進展してきた。牧畜技術、水産技術、林業技術等々も同様なことが言える。

これらが私達人類の文明の基礎を築いてきた。

現在日本では賞味期限切れを理由に毎日、大量の食品が廃棄処分されている。世界の国々を眺めると、日本のような一部の国々では飽食文化が進み、一方多くの発展途上国では食料不足で飢餓状態にある。

2. 神秘なるもの・生類

現在地球上に生物は何種類いるのであろうか。名前が付けられているのが約150万種。少なく見積る学者でその数倍。多く見積る学者でその十数倍ともいわれている。

その存在すら知られていない生物の存在は別としても、名前は知られているとしてもそれらの大半は、その生誕から生存等の生態はほとんどが知られていないといわざるを得ない。

その名前やまして、その存在さえ知られていない生物が何倍もいるという事実をもっと謙虚に受けとめなければならないと思う。

魚類のなかで一番人間と関わり合いの深い鮭・鱒類でもその本質的な生態とでもいえる母川回帰のなぞは現在も不明である。うなぎについてもその生誕の場所すら憶測の域を出ていない、神秘のベールに包まれている。その他、鶴や雁・鴨類がシベリヤ等から何千キロの長旅を毎年繰返している。ある鶴・雁類はヒマラヤの8000メートルの高峰を越してくるという。どのような感覚器官で両地点や方向を認知しているのであろうか。また、視覚をもたないコウモリが闇の世界をある種の波動を発信しながら対物との距離を認知しながら飛行しているらしい。これらの我々にとって、きわめて至近で良く知られた生物の行動についても、宇宙ロケットを正確に発射させるほど、進んだ現在の科学の知は、未だ有効な解答やアプローチを何ら我々に与えてくれていない。

科学の知は、我々の五感の認知システムでスケールが測定され数値に置換えられるものの因果関係について合理的な説明を与えているに過ぎない。いや若干、誤解をまねく表現であるかも知れない。

我々の肉体の五感と、我々の発見した顕微鏡や望遠鏡ないしは電子測定機で測定が可能で、それを通して我々が間接的に五感の認知システムでスケールが測定されるものも含めての話である。

すなわち、何千キロも正確に渡ってくる雁・鴨類の感知システムや、コウモリの発信し受信しているであろう波動を測定する計器を発明できていないということなのであろう。鮭・鱒・うなぎ等人類の生活に一番密接に関係する食料としての生物や、我々が良く知っている雁・鴨類やコウモリ等の生物にしてこのような現状である。

また名前が付けられてはいるものの普段の生活で直接関わりの少ない大多数の生物については、それら以上にその生態がわかっていない。それら以上に分かっていないというよりも、知っていることはほとんどないと言った方がより正確な表現であろう。生物を専門としてる学者にとってその程度である。ましてや一般の我々にとっては何か云々することができる相手でもなく、一緒に共生できる程には何も分かっていないのではないか。

科学万能社会に育ち、科学万能信仰とも言える教育を受けてきた我々にとって生物の諸現象、生態を全容として考える場合は、神秘のベールに幾重にもつつまれた、謎の謎、未知の未知なる対象と言わざるを得ないところが余りにも多いというのが現状の科学の知のレベルであると素直に認めざるを得ない。そのような観点に立てば、まず我々がなさなければならない事は生物をできるだけ知ることに努めることである。

生物の神秘の深さを思う時、知の対象としての生物というよりは、智の対象の生物ということであろう。すなわち「智生」の観点がまず第一である。

生物の神秘のベールの深渕さ、生物から教わることの多さを思う時、「智生」の次は自ずから敬する対象としての生類ということになる。すなわち「敬生」が第二の観点である。

3. 多重コスモスとしての生類

一方、環境問題の異常な高まりを見ている昨今、「人類と生物との共生」という耳ざわりの良いフレーズがよく聞かれる今日このごろである。

人間の体をとって見ても、かつてのように十二指腸虫や回虫のような大型寄生虫は少なくなってきたものの、我々の腸の中には大腸菌を始めとする約100種類、100兆個もの細菌が棲みつき、いわゆる我々と共生している。胃腸の調子を整えたり腐敗菌の増殖を抑制する善玉のビフィズス菌や反対に腸内で腐敗を引き起こすような悪玉のウェルシュ菌等の多くの生物と共に生きていることも確かである。一人の人間の健康はそれらの菌類の微妙なバランスによって成立っている。それらの胃腸に生息し、人間と共に生きている菌類にとっては、一人の人間の体は一つの大宇宙空間コスモスなのであり、時空間スケールのアナロジーからすればそれらの菌にとって一人の人間の体は人間にとっての太陽系に匹敵するスケールである。一人の人間の死というイベントは、それらの菌類にとっては一つの銀河系の消滅ブラックホールというイベントに当たるということになるのであろうか。

4. 種の絶滅危機の意味するもの

その一つの種としての生物を見ても、環境変化に応じ多様に変化し定まっていない。個のステージをとって見ても生誕環境、生育環境等によって馴化・順応して変わっていく。一人一人の人間もその家庭環境、教育環境等々によってその性質は大きく変わってくるのと同じである。

群のステージ、種のステージにおいても環境に適応し、進化し変化しつづけている。このような個、群、種のステージにおける生物の変化の延長線上に種の生誕、種の全滅もある。環境からのストレスの継続の結果として個、群、種のステージにおけるストレインとして馴化、順応、遷移という生態の変化の道をたどるのが生物である。

個のストレインとしての馴化の前駆現象としては個に対する何らかの環境作用に対し、個はそのリアクションとして何らかの環境形成作用をする。1度目の作用としての結果としての反作用と2度目の作用としての結果としての反作用は同じではない。その間に、生物は学習効果により異なる結果を生じるのである。

近代科学は、反復性と検証性が成立つことにより諸法則が発見され、これまでの発展を見てきた。しかし、生物の諸現象を見る時、作用・反作用の法則すなわち、環境作用と環境形成作用の法則は物理現象、化学現象と異なり、反復性と検証性は厳密には成立たないのである。

科学の対象としての生物学・生態学の複雑性・難しさの一因はここにある。

人類はこれまで生物を見る時、害虫・益虫等々害益の観点や食料等生物資源の観点も共に人類は万物の霊長として森羅万象から隔された一段上の立場から生物を見ている。自然保全、保護、創生という観点も人類がそれらとは一段高い立場に立脚しているから生じる概念である。

人類が、保全・保護・創生されるべき自然の中の一員でしかないという立場からは生まれてこない概念である。共生の概念の発意が人類である限り、共生という概念も一段上の立場の存在としての人類が、一段下の存在としての生物と共に生きるというニュアンスがどうしても拭いきれない。生物を含む森羅万象の中に人類の存在も違和感なく馴じんでいるという客観的視点が重要であると思う。

「智生」・「敬生」の次は「馴生」の概念である。

生物の約30数億年の歴史を振返り見る時、氷河期の到来や、隕石等による環境変化に生物が適応できずに絶滅していった歴史でもある。過去大きな環境変化に適応できずに大きなものだけでも生物の多くが絶滅したイベントは11回に数えられるという。一説によると約2，６００年に一度の割で全滅を繰返してきたともいう。指標化石により地質年代が同定できるのは生物の全滅の記録ということの裏返しでしかない。

生物にとってその生存している地球の環境変化の歴史に対し、懸命に適応順応しその遷移・進化の過程をたどってきた歴史であり、また、それが叶わぬ時は全滅してきた歴史そのものである。生物の絶滅して行くということは我々（人類）にとってどのような事なのであろうか。もともと生物の種は時の経緯の中で絶滅して行っているではないか。毎年数十種消失して行ってもどうということがないのではないかと思うかも知れない。この考えが問い直されているのである。現代の科学（遺伝子の研究）の進歩により明確になってきたものはそんなに古いことではない。すなわち種の潜在遺伝子資源としての価値とは将来、いずれかの時にどのような種の遺伝子が人類を救けてくれるか分からないではないかということである。

5．生物を見る目、生物の変化の様態―遷移・適応・馴応―

人間を含めあらゆる動植物はそれらを取囲む環境より、環境ストレスと称される持続的インパクトを受けている。

生物の個体、種および群として存続変化していく様態は、環境の時間スケール変化の様態を反映しているといえる。

生物の生息分布域の変化を考える時、個体ステージの変化、種ステージの変化、あるいは群ステージの変化により馴化、馴応、適応、遷移の概念が異なる。生物と環境とのかかわりを適格に把握するためにはそれらの概念を明確にしておかなければならない。

遷移、適応、馴応等の概念を模式的に図に示す。

(1)馴化（順化）Acclimation

個体ステージでの単一環境ストレスに対する生理的適応で一過性・可逆性のもので、生体の生理機能、感受機能の変化である。特定の環境ストレスに対する適応をその個体が獲得した時、その因子への抵抗性が増強される。自然条件下では単一環境因子によることはなく、複合していることにより、馴化は実験条件下でのものとなる。

事例……○寒冷馴化、低酸素馴化、暗所馴化

(2)馴応（順応）Acclimatization

個体ステージにおける自然環境変化での複合環境ストレスに対する生理的適応で、一過性可逆性のもので生体の生理機能、感受機能の変化である。

事例……○高地馴応［寒冷、低酸素、高紫外線等の複合ストレス］○風土馴応［甲状腺機能（冬高夏低）、血液中水分（冬少夏多）、基礎代謝（冬高夏低）等］

(3)適応 Adaptation

個体ステージから種のステージの概念であり、環境ストレスにより、生体の生理および感受等の生態機能ストレインを緩和するような変化の総称で広い概念である。

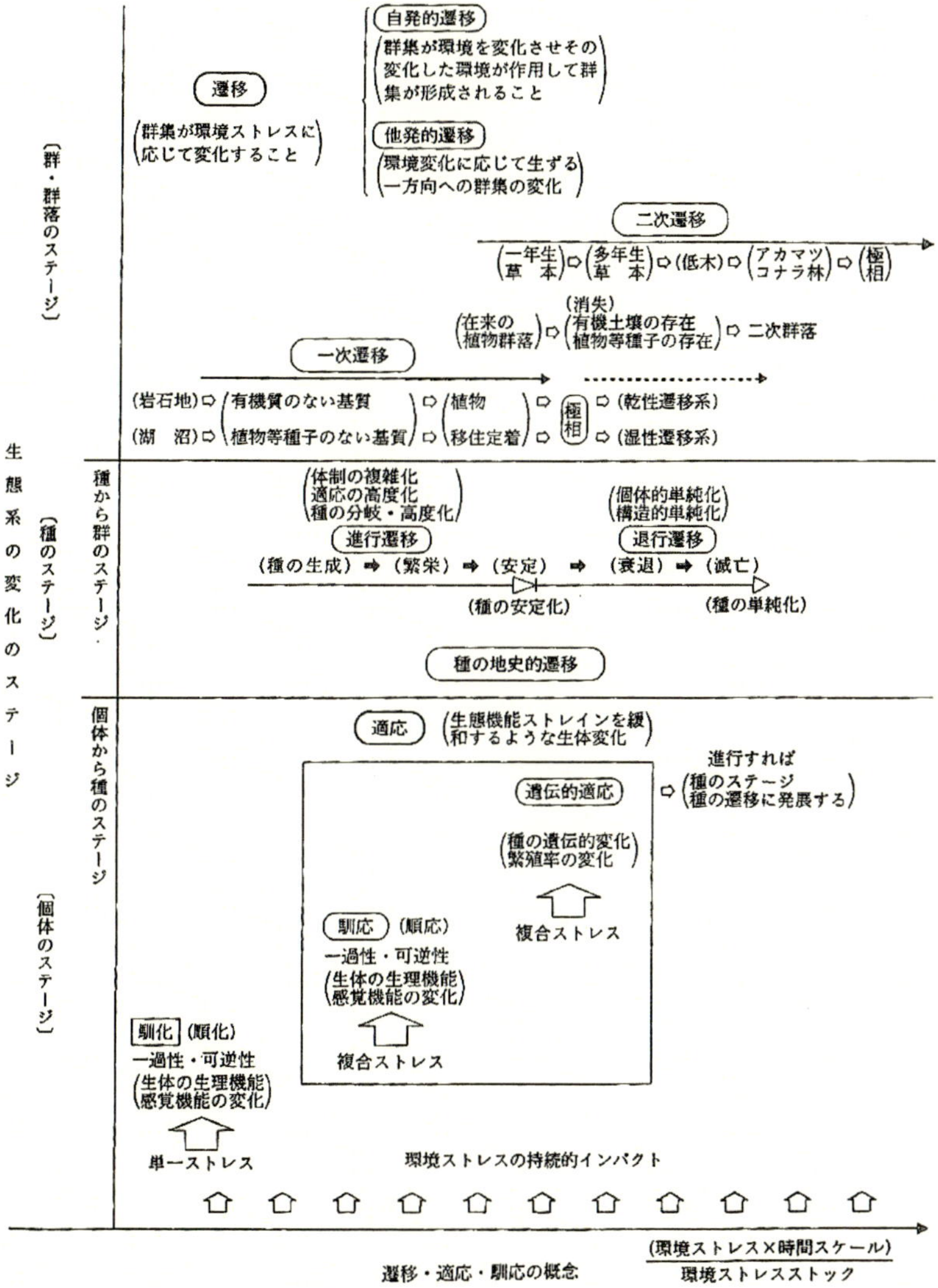
生態系の変化のステージ
〔群・群落のステージ〕
〔種のステージ〕
〔個体のステージ〕
種から群のステージ
個体から種のステージ
遷移
（群集が環境ストレスに応じて変化すること）
自発的遷移
（群集が環境を変化させその変化した環境が作用して群集が形成されること）
他発的遷移
（環境変化に応じて生ずる一方向への群集の変化）
二次遷移
（一年生草本）⇨（多年生草本）⇨（低木）⇨（アカマツコナラ林）⇨（極相）
（在来の植物群落）⇨（消失）（有機土壌の存在植物等種子の存在）⇨ 二次群落
一次遷移
（岩石地）⇨（有機質のない基質）⇨（植物）⇨ 極相 ⇨（乾性遷移系）
（湖　沼）⇨（植物等種子のない基質）⇨（移住定着）⇨ 極相 ⇨（湿性遷移系）
（体制の複雑化 適応の高度化 種の分岐・高度化）
進行遷移
（個体的単純化 構造的単純化）
退行遷移
（種の生成）➡（繁栄）➡（安定）➡（衰退）➡（滅亡）
（種の安定化）
（種の単純化）
種の地史的遷移
適応
（生態機能ストレインを緩和するような生体変化）
遺伝的適応
（種の遺伝的変化 繁殖率の変化）
複合ストレス
進行すれば
⇨（種のステージ 種の遷移に発展する）
馴応（順応）
一過性・可逆性
（生体の生理機能 感覚機能の変化）
複合ストレス
馴化（順化）
一過性・可逆性
（生体の生理機能 感覚機能の変化）
単一ストレス
環境ストレスの持続的インパクト
（環境ストレス×時間スケール）
環境ストレスストック

遷移・適応・馴応の概念

適応により生体は総合環境変化に対してその独自性を恒常的に維持しつつ生存することが可能となる。

適応には特性として種の遺伝的変化を伴う遺伝的適応と一過性・可逆性の個体の適応である馴応に区分される。

(4)遷移 Succession、生態遷移 Ecological Succesion 遷移とは群集が環境ストレスの持続的インパクトにより変化していく現象で、多岐に渡る概念が派生する極めて広い概念であり、遷移の概念は林学部門で古くからある天然更新という概念と同じ概念であり、生態学での用語として特に生態遷移と言う場合もある。
種のステージの概念として地史的遷移、種から群へのステージの概念として進行遷移、退行遷移、群のステージの概念として一次遷移、二次遷移等にここでは便宜上分類する。

(5)地史的遷移と微小遷移
地質学的に環境変化による生物の系統の生成から繁栄、安定、そして衰退を経て滅亡のマクロな時間変化過程を地史的遷移と言う。

地史的遷移現象があるので、花粉分析という手段を用いる事により地層の時代同定が可能になっている。

小さな水たまりや倒木の中等の限定された微小空間での微生物の環境変化に伴う時間遷移変化過程を微小遷移と呼ばれる。

(6)進行遷移 Progressive Succesion と退行遷移 Retrogressive Succesion

環境ストレスによる生物系の変化と生物系が環境を変化させる相互作用により、生物の群が低いレベルの生物系からより高いレベルの生物系へ移行変化することを進行遷移といい、構成の分岐・多様化、適応の高度化、生態系の複雑化を伴いながら種の安定化に向かう変化過程である。

反対に組織的に単純化、構造的に単純化を伴いながら、種の単純化に向かう変化過程を退行遷移という。

(7)自発的遷移 Autogenic Succesion と他発的遷移 Allogenic Sucession

生態遷移は環境ストレスに応じて生物系が変化する（ストレイン）ことと、逆作用としてある時期に存在する生物系が環境を変化させ、その変化した環境が作用して新しい生物系が形成される。

このような環境と生物系との action-reaction の相互作用による自発的な変化を自発的遷移という。

一方、環境変化に応じて生物の系が一方向に逆作用がなく変化することを他発的遷移と呼ばれている。

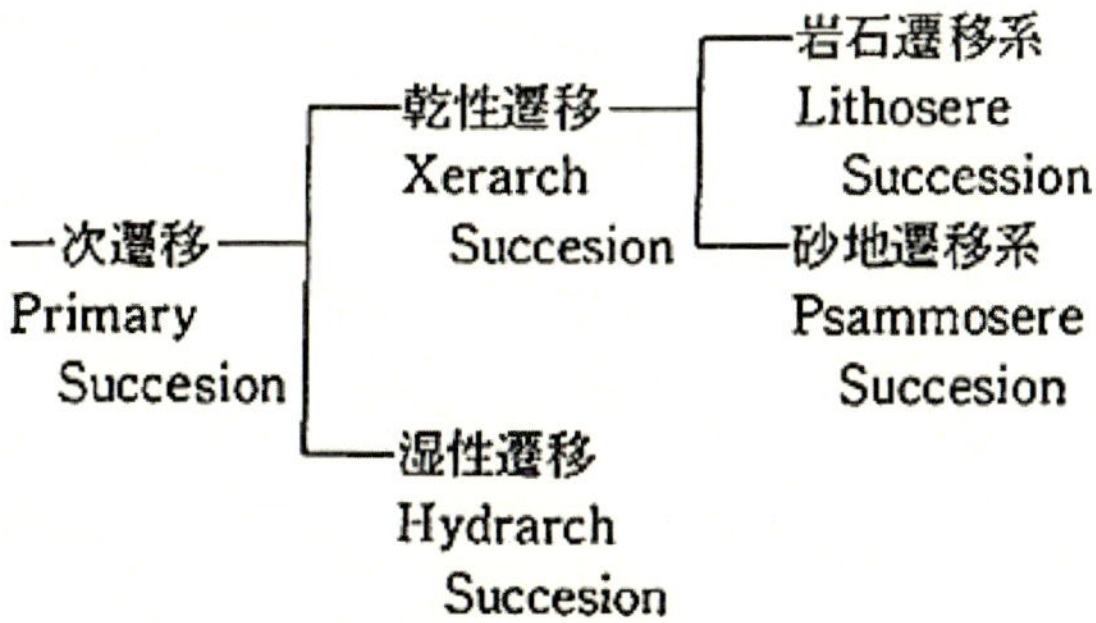

乾性遷移と湿性遷移の分類

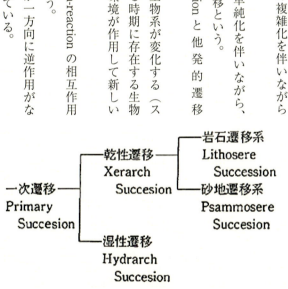

(8)一次遷移系と二次遷移系

海洋に隆起してできた新島や熔岩流等の火山噴出物により、新しくできた完全な裸地、すなわち有機質のない基質で、植物繁殖や土壌の全くない所からはじまる植物群落等の生物系の遷移を一次遷移系と言う。

一方、洪水や山地崩壊や山火事等により既存の植物群落が大部分失われ、破壊された後、すなわち、基質に既存する根や種子等若干の生物系からはじまる遷移を二次遷移系という。二次遷移は一次遷移の中途からはじまるものと解釈される。

(9)乾性遷移系　Xerarch Succesion と湿性遷移系 Hydrarch Succesion

一次遷移はその元の有機物のない基質の状態により乾性遷移と湿性遷移とに分類される(図)。

海洋に隆起してできた新島や熔岩流や火山灰の火山噴出物等の、水分保持力が極度に悪い裸地からはじまる一次遷移は特に乾性遷移と呼ばれる。

乾性遷移系はその基礎の状態が岩石からはじまる岩石遷移系と、砂地からはじまる砂地遷移系とに分類される。

乾性遷移の模式的変化は一般的には次のようである。

土壌固着地衣時代↓土壌形成蘚類型↓草木時代↓低木時代↓森林時代

一方、山地崩壊・堰止め湖等の自然現象により生誕した湖沼や人工ダム湖等の新しくできた湖沼からはじまる遷移は特に湿性遷移と呼ばれる。湖沼の外からの栄養塩類の蓄積による貧栄養湖からやがて富栄養湖に変化していくと共に、土砂の流入堆積により、湖沼の浅化が進み、いずれ陸化していく。この自然の遷移も広義の湿性遷移と見ることもできる。

一般に狭義の湿性遷移とは、この広義の地史的な遷移の途上に見られる植物群落の移行をさす。湿性遷移の模式的変化は一般に次のようである。

沈水植物時代→浮遊植物時代→アシ原沼地時代→スゲ原草地時代

ダム建設における原石山切取長大法面は典型的ではないとしても岩石遷移系であり、長大法面の緑化工法とは岩石遷移系の中で土壌形成等の遷移スピードを加速させるかという技術開発と見ることができる。

一方、ダム湖誕生後の水質の富栄養化現象の進行や堆砂現象の進行は湿性遷移系であり、エアレーション等や各種富栄養化改善技術や排砂バイパスシステム等の堆砂対策技術は、湿性遷移の遷移スピードをいかに減速させるかという技術開発と見ることができる。

以上のように、建設事業による環境ストレスストックの変化と、それらに対するミティゲーション等の環境保全の対策等が自然生態系へ及ぼす変化の様態を馴応か適応かそれとも遷移等の中のどれに対応するものを目指すかをよく見極めることが重要である。

6．生物界の中での人類の繁栄

この地球上ではこれまでいろいろな生物が繁栄してわが世の春を謳歌してきた。その最大のものは恐竜である。中世代の恐竜が闊歩し全盛を誇った時代は、１億年以上も続いた。一方、現在この地球上で無敵でわが世の春を誇っているホモサピエンスは、その生誕からまだ２００万年からせいぜい３００万年くらいしかたっていない。科学文明らしきものとして青銅器文化までさかのぼったとしても、たかだか２０００~３０００年くらいである。この数十年をとってみてもわが国では出生率は大幅に低下しており、平均寿命はどんどん長くなっておいる。人口は増加から減少に転じたが、一方世界全体では人口は急増している。

終戦後間もない頃であるが、多くの子供は腹の中には回虫などの寄生虫を飼い、頭にはシラミ、衣服にはノミなどが寄生し、学校では「虫くだし」を飲まされ、頭は丸坊主にされ、ＤＤＴを振りかけられるというのが全国で一般的に見られる光景であった。

また、大変な勢いで襲いかかるいろいろなバクテリアやウイルスによって通常の生物ならば激減するところを、ワクチンや特効薬などの発明発見で克服してきた。

例えば、最近アメリカでガンの特効薬として開発され認証された新薬クキソールは、アメリカ北西部に分布しているイチイの樹皮から抽出される。一人の患者を治療するのに樹齢１００年の大木が6本使用されるという。人を救うために多くの薬用植物が絶滅の危機にさらされているともいわれている。このほかにも、強心薬でジギタリスから抽出するジギトギシンや、筋肉弛緩薬でストリクノス属から抽出するクラーレなどでも大なり小なり同じような事情だという。

人類の今日の発展には、人間にとって害を与えるシラミなどの生物を次々と打負かして激減させてきたり、新薬開発のために一部の薬用植物を絶滅の危機にもさらしながら利用してきた一面があることも確かである。

7. リベットとカナリヤ

生物の種の多様性の意義を別な表現をすれば、リベット主義とカナリヤ主義である。リベット主義とは大きな飛行船は金属片の集合よりなり、その金属片は数え切れないリベットにより合体化されている。

リベットが一つや二つ破断して無くなっても飛行船の安全には何ら支障がない。しかし、その数が多くなって行けばいずれの時か飛行船はバラバラになり、いずれは墜落してしまう。人類は飛行船のファーストクラスにふんぞり返っている。リベットが一つの種であるとたとえる。一つ一つのリベットの消失は人類にとって大したことではないかもしれない。しかし、いずれ種の全滅が多くなれば人類の生存そのものにも及ぶという。この考えをリベット主義という。

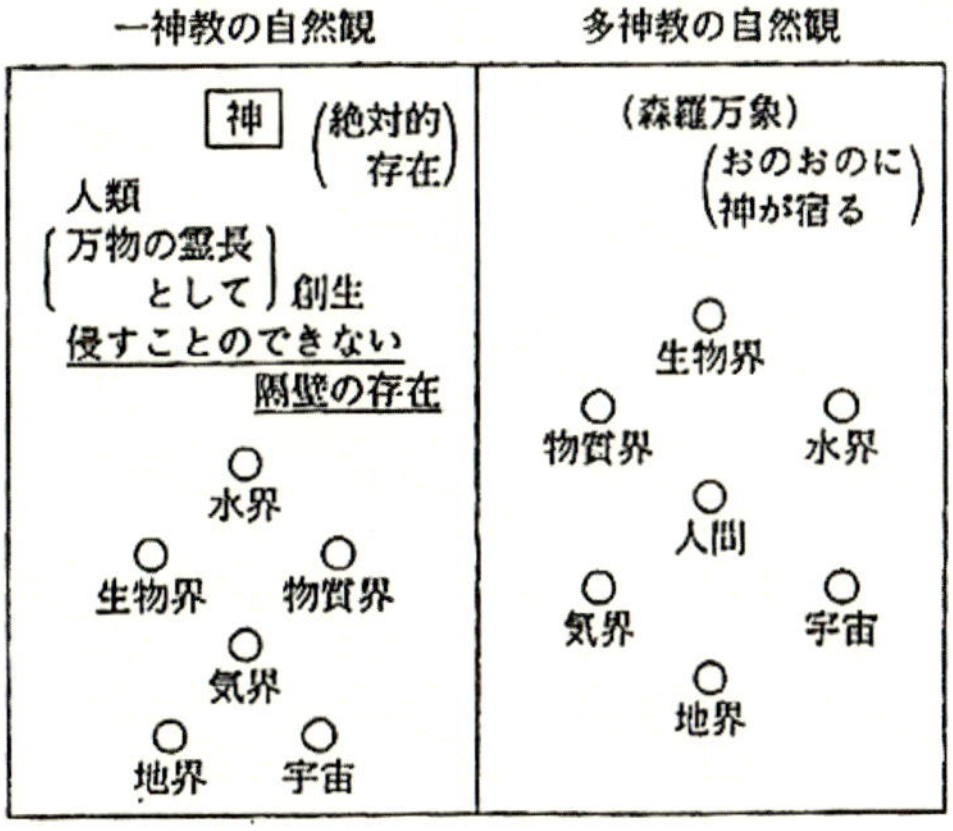

別の表現がカナリヤ主義である。

炭坑の中で危険な有毒なガスが充満していても人間は気付かない。カナリヤは人類と共にいる生物の種であるとする。炭坑につれて入ったカナリヤが死ぬということは人類に危険を警告しているのであると考える。

人類の生存の危機への警鐘の役目が生物の種の多様性であるという。この考え方がカナリヤ主義である。

生物の種の多様性は、リベット主義の価値観より大切である。また、カナリヤ主義の価値観より重要である。これらの観点は、現在の都市に住み、文化社会生活を享受している私共に痛烈なる比喩でもって生物の多様性の重要性を教えて、そして警告してくれている。都市近郊の自然は急速に消失していっている。それと共にその自然をハビタットとしている多くの生物の多様性も失われていっている。これの原因は都市化という一言で片づけられてしまって良いのであろうか。都市に住む私達は、快適生活環境を求めて雑草や雑木を嫌い、園芸草花を愛で、園芸花木を植えてきた。

かつては夏ともなれば、夜、人家の灯火に多くの甲虫や蛾類が飛んできた。蚊取り線香の煙とカヤのお陰で安眠を保証してくれた。

現在はエアコンが安眠を約束してくれている。アルミサッシの窓には甲虫や蛾類が飛んできた気配も感じない。

都市近郊の生物の多様性は間違いなく消失してきている。この原因は都市に住む私共の快適住環境を求める清潔好きの性向がその根本の原因であることに気付くのである。これはキリスト教やマホメット教等一神教に基づく世界観がその根底にある。

森羅万象は全知全能の神が創造し神の代わりとして人類を創り、その人類は万物の霊長として森羅万象を統治するという考えである。従って、神および神の代わりとしての人類と森羅万象自然界との間には侵すことのできない隔壁が存在しているのである。

私共、日本人の生物観は仏教や神道等多神教に基づく世界観であり、人間様が中心ではない。森羅万象全てに神が宿り、人類はその一員であるものとするものである。

一木一草に仏性があり、どのような生物にも尊厳価値があるとする尊厳価値主義である。種の多様性に関しては、エイズ菌の撲滅を願い伝染病のウイルス菌類とは共生を望まない。私共は、気持ちとしては尊厳価値主義であるが、リベット主義、カナリヤ主義の方が理解しやすいということであろうか。

8．生類五訓

環境問題解決への道とは人類がその一員である生物に関する間違いない確固たる知見に基づく生物観を打ち立てることが肝要であると考える。智生・敬生・馴生の心を生類五則・五訓という形で取りまとめてみる。

この生類五訓の英訳をこころみた。英語と日本語の単語そのものの語義がそもそも1：1に対応していないこと、さらには表音文字で表意文字の概念をカバーしきれないということより、英訳の難しさと限界をしみじみ感じさせられている。

6　水は巡る・環境は廻る――水五訓と環境五訓――

1．環境循環の一要素としての水循環

これまで、土木技術は国土保全の立場から地域スケールで環境事象とつきあってきた。河川技術においては降雨・降雪から河川流出・地下水流出、さらには地面や水面からの蒸発等の地域スケールで水循環をとらえてきた。

しかし、昨今、地球温暖化、フロンによるオゾン層の破壊等、地球規模で環境問題を取り扱うことが求められてきた。土木技術においても決して例外ではなく、

生類五則、五訓

一、地球に生を受け、人類の繁栄を支えると共に、人類に生あるものの尊厳の伝言を送りつづけるは生類なり

一、ある時は個とし、またある時は、種とし群とし自らの生存しやすい環境を求めると共に、環境変化に応じ自らを変化させる過程をたどるは生類なり

一、多くの種が極めて多様な様態を呈し、個性を主張しつつ生態系の微妙な均衡にその種の存続をゆだねているは生類なり

一、ある時は病原菌として人類を滅亡へと導かんとする、一方でそれに対する救いの神の役割を果たすは生類なり

一、深遠たる神秘を秘め、人類の英知が遙かに及ばざる大自然の最大傑作、それは生類なり

· Five principles on the Living Things (or Creatures) ·

— The existence which (or What) is destined to live on the earth, to support the prosperity of mankind and to send messages of its dignity, to the mankind, that is the living things (or creatures).

— The existence which (or What) exists as an individual at one time, species and groups at another, to search for an environment suitable to exist, and to change itself in accordance with environmental changes, that is the living things (or creatures).

— The existence which (or What) itself as species to an subtle ecological balance while showing extremely various situations and insisting its individuality, that is the living things (or creatures).

— The existence which (or What) plays a role of God, while leading the human beings to ruin on one occasion as a germ, saving them on another, that is the living things (or creatures).

— The existence which (or What) is the highest masterpiece of the great nature with profound mysteries beyond human wisdom that is the living things (or creatures).

生類五則・五訓の英訳

地球規模で環境事象をとらえ、その一部として国土、地方、地域の環境問題を位置付け、論じなければならなくなってきている。水循環についても地球規模の環境事象の一部としての位置付けを論ずるということになる。そのような視点から、水循環は単に環境事象のうち水圏現象のみに限定したとらえ方ではなく全包括的な環境循環の一部としてとらえなければならない。

即ち環境現象を構成している水圏の他、地圏、気圏及び生物圏それぞれ全てが循環しているのである。そして水循環は全ての環境循環の一部であり、他の大地循環、大気循環、及び生物循環と相互に融通無礙なる強い関係を保持しながら循環しているのである。

2. 環境循環システム、六大縁起

正法眼蔵の山水経によれば万物を成立させる万有の本体である六つの根本構成要素を地・水・火・風・空・識の六大であると観破している。

真言宗の空海は六つの構成要素はそれぞれ絶対の真理（法界）を本性としていて、互いに無礙渉入の関係にあるとし、まず一切の物質を即ち、地・水・火・風を四大と称した。大とは大きな元素のことを言う。即ち、堅さを本質として保持する作用を持つものを地大と称した。

次に湿性を納め摂集する作用をもつものを水大、熱さを本質とし、成熟させる作用のある火大、生物を成長させる作用のあるものを風大とそれぞれ称した。これら四大元素によりつくられる物質を四大造色、あるいは、四大所造という。同じように四大元素からなる肉体を四大色身、また、四大元素の集まりにより、存在を認識することを四大五蘊と称している。

　更に四大に空を加えたものを五大元素と称し、空大は物質的なものとしての虚空で、その本質は無礙でその作用は不障であるとした。即ち四大元素よりなる四大造色、四大色身に空大を加えた五大成身は変化して一定不変の態を持たないものをいう。四大元素に「空大」が加わることにより変化してやまない物質、肉体となったことを表す。更に密教では地大は方形で黄色、水大は円形で白色、火大は三角で赤色、風化は半月形で黒色、空大は宝珠形で青色であるとしている。五輪塔である。

　次に五大に識大を加えたものを六大と称する。即ち、万有に遍在していて常住なる精神的原理があり、それが六つ目の元素であるとした。識は了知の性質と隋縁の作用を持つとした。地・水・火・風・虚空界の一切のなかにも識が遍在、遍満しているとしている。世間も衆生もすべて六つの構成元素よりなり、互いに無礙渉入の関係にあり、その関係を六大縁起と称している。

六大の環境システム

四大	五大(五輪)	六大	環境六大	六大縁起
地大	地大	地大	地圏環境	大地循環 プレートテクトニクス
水大	水大	水大	水圏環境	水循環
火大	火大	火大	エネルギー環境	エネルギー循環
風大	風大	風大	気圏環境	大気循環
	空大	空大	(人間) 生物圏環境	植物連鎖 (生態システム) 生物環境
		識大	社会 文化圏環境	文化経済(変動・均衡・バランス) 文化・文明循環

これらの六大元素による万物万象構成システムは環境現象の構成システムそのものを意味している。即ち環境四大は無機環境システムを意味し、地大はそのものずばり地圏環境そのものであり、水大はそのものずばり水圏環境そのものであり、火大はそのものずばりエネルギー環境そのものであり、風大はそのものずばり大気圏環境にそれぞれ対応している。

また、空大が有機環境即ち生物圏環境を意味していることより環境五大は無機及び有機を含めた自然界の環境システムということになる。

更に、識大は意識が構成する環境ということで社会・文化圏環境を意味することにより環境六大は五大の自然環境に社会・文化圏環境を加えた環境システムということである。

また、六大縁起は環境問題に対応して地大においては大地の動きプレートテクトニクス等の大地循環を意味し、水大においては水圏の動き、水循環を意味し、火大においてはエネルギーの動き、エネルギー循環、エネルギー収支を意味し、風大においては大気の動き大気循環を意味し、空大においては、生物圏の動き、即ち食物連鎖、生態システム即ち生物循環を意味し、識大においては、人間社会活動の動きということから文化経済変動即ち文化・文明循環をそれぞれ意味している。

3．もうひとつの環境循環システム、四支縁起、十二支縁起

因果とは、くわしくいえば因縁果報である。

因縁が原因で、果報が結果である。因は直接的原因であり、縁はそれを支える間接的原因あるいは条件を意味する。おおよそ、天地間の諸事は苦も楽も迷いも悟りも全て因縁の作用により生じた結果であるとする考えで、お釈迦様が菩提樹のもとで最初に悟った真理が「縁起の理」であると言われている。縁起の理とは、いかなる物事も独立して生存するのではなく、常に他のものと互いに関係し合っている。即ち「縁りて生起する」という文字通りの意味である。仏教哲学の基本となるこの縁起の理によれば人間存在は十二の支分の輪廻からなり、それぞれが生と死の永遠の循環の一節をなしており、この輪廻は無明が続く限り循環するというものである。過去の因縁によって現在の諸現象が生まれ、それが更に未来の結果を招くべき因縁となる因は必ず結果を生じ、結果としての現象はまた、必ず次にくるものの因となる。この無限に続く繋がりが十二支縁起である。お釈迦様が当初悟ったのは四支縁起であったという。その後十二支縁起にまで論理が展開して行った。四支縁起の内容は無明・愛・取・老死でありで非常に明確単純である。

花木の生育を巡る因果は無限に続く。新芽を因として果として生木となりその生木が因となって果としての開花があり、その開花が因となって果として果実となる。そして果実が因となって果としての新芽が生まれる。この因果の無限の繋がりを支えている条件が温度・水・土・空気でありこれを縁という。因果が無限に続く自然観、環境観は現在の生物学そのものである。

環境問題の因果は四支縁起そのものである。正しい環境観・自然観の欠除から貧・邪心の精神が芽生え、エゴロジカルな生活、習慣を続ける限り環境は悪化し続ける。それらの相互関係はそれぞれ因と果ということである。

十二支縁起も自然現象の輪廻そのものである。騒音・振動等を事例にとって考えて見れば、その因果は循環し続く。

無明に基づく人類の生存と生産活動があれば、媒体としての空気の存在を介して、物体の振動が生じ、それが媒体により伝播し、人体の感受器へ到達し、その結果、人体の神経を刺激し、その結果、音環境を識別し、認識する。その認識を踏まえて肉体と精神等の各種欲求が生起し、雑音と騒音の中での生存の執着が起こり、更に音環境に対しての無策が続けば、環境問題が発生し、その先は環境問題の悪化へと進む、そして無明が続く限りこの悪循環は続くということである。

このように地域あるいは地球の病である環境問題の因果循環も無明がなくならない限りエンドレスに続くということとなる。環境十二支縁起は他の諸々の環境問題に対しても同様なアナロジーで成り立つ。

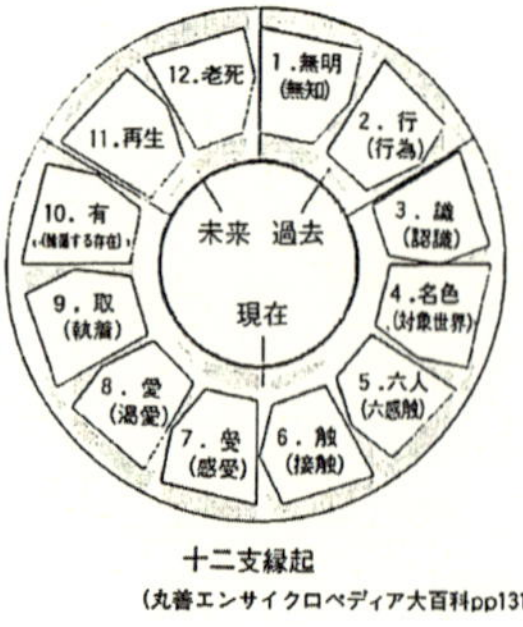

十二支縁起
(丸善エンサイクロペディア大百科pp1310)

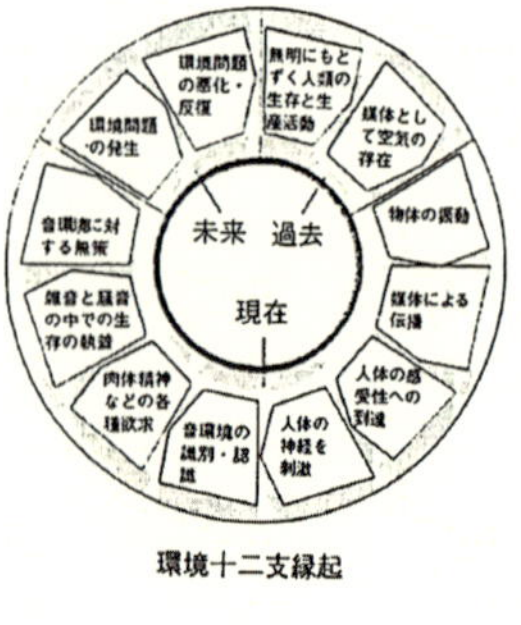

環境十二支縁起

四法界	意義		環境四法界		
理法界	差別の現象界をいう		(地圏) 火山現象、山地崩壊現象、地震現象等 (水圏) 水の華現象、洪水、津波等 (気圏) 気候現象、四季、騒音、粉塵等 (生物圏) 生物（人間、動物、植物等）の存在と活動		観察学 分類学
事法界	超差別の真理の実体界		・数学（代数、幾何、統計、集合等） ・力学（弾性力学、流体力学、熱力学等） ・基礎化学（原子、分子等） ・基礎生物学（生化学、細胞学、遺伝子学等）		基礎科学
事理無礙法界	現象界と実体界との一体不二の関係にあるのをいう		(地圏) プレート理論による地震や火山現象の解釈（地学） (水圏) 水循環として河川現象の解釈 (水理学)(水文学) (気圏) 大気循環としての気候現象の解釈 (気象学) (生物圏)(例) 生命システムとして生物体を解釈 (生物学)		応用化学
事事無礙法界	現象界の諸事象（一切界事物）が互いに相互に相応無礙（密接に関係している）こと		A ction 環境作用としての人頸の生存と活動	人類の生存と活動に対する環境からの A ction	環境学
		地圏	地形改変（国土改造）地下資源採掘	地震、火山、山地崩壊、浸食	
		水圏	水質汚染、水消費	洪水、津波、高潮	
		気圏	大気汚染、騒音、振動、粉塵、地球温暖化、オゾン層破壊	暴風、気候変動、寒暖	
		生物圏	生物資源（農産物、水産物、牧畜、林産物）ペット化 生物生息空間の改変	伝染病、危害、天敵、寄生	

4．環境学のフレーム

華厳宗では差別無限の宇宙を四方面より見たものを四法界と称している。

四法界とはまず第1が差別の現象界をいう事法界。そして第2が、超差別の真理の実体界をいう理法界。そして第3が、第1の現象界と第2の実体界との一体不二の関係にあることをいう事理無礙法界。第4が、現象界の諸事象（一切の事物）が互いに相互に相応無礙（密接に関係している）ことをいう事事無礙法界の四つである。

四法界差別無限の宇宙の森羅万象をこの四つの方面より観照（学問）することを教えている。

また、現在のあらゆる現象が相互に関

連しあい錯綜している環境現象をどのようにアプローチすれば良いかの方法論そのものを教えている。

即ち、まず第1の事法界のアプローチとは差別ある諸現象即ち、例えば地圏の山地崩壊現象、地震現象、生物の生存と活動をどのように観察し分類するかというアプローチである。即ち、自然観察学と自然分類学等をいう。

第2の理法界のアプローチとは第1の差別の現象界にも差別を超越した心理の実体界があることを意味する。即ち、観察学や分類学の対象として見た地圏、水圏、気圏、生物圏の諸現象の中にあるそれらを全て律する数学や力学、基礎化学、基礎生物学等の基礎科学としてのアプローチである。

第3の事理無礙法界のアプローチとは第1の観察学や分類学によりアプローチした諸現象を第2の基礎科学より解明しようとするアプローチである。即ち、地圏現象に対する地学、土質力学、岩盤力学、水循環現象に対する水文学や水理学、それに大気循環現象に対する気象学等々のアプローチである。即ち応用理学としてのアプローチと位置づけられる。

第4の事事無礙法界のアプローチとは第1の観察学や分類学によりアプローチした諸現象、相互間の密接に複雑に関連し合っている現象を解明しようとするアプローチである。

即ち、人間の活動という現象（事）と水圏の水質現象（事）との因果関係や、人間の活動という現象（事）と地形改変（事）との因果関係など事と事との融通無礙な因果関係をアプローチするものであり、これはまさに環境学そのものである。環境学とは観察学や分類学や基礎科学、応用科学等とは全く異なる学問体系アプローチをすることが必要であることを教えている。

環境学とは自然界における差別無限の諸現象が相互に密接に関係し合っている現象を解明しようとするアプローチである。

即ち、華厳宗の四法界のうちの第4の事事無礙法界が環境学そのものである。

次に環境問題は他の諸現象と違い際だった特性をもっていることを考えてみる。

5．十玄門の環境システム

華厳宗で説く四法界の中で事事無礙法界の特徴即ち、幽玄なる道理を十方面から説明したものが十玄門である。これには十種の特徴が互いに縁となって他の特徴を起こすゆえに十玄縁起無礙法門と称し、その略を十玄門と称している。

玄門とは専門家の深い見方真理の領域（華厳の玄海）への道とでもいう意味である。十種の特徴が事事無礙に縁起することにより十玄縁起とも称する。華厳宗の四法界のうち事事無礙法界は前節で環境学の体系そのものであることを考察した。従って事事無礙法界の特徴道理が十玄門であるということは十玄門は即ち「環境学の十法則」ということを意味している。十玄門は華厳宗の二祖智儼の創唱によるものであり、それを三祖賢首は一部これを改めたことより、前者を古十玄、後者を新十玄と称している。以下は新十玄であり、古十玄は（　）書で示す。


（第一法則）同時具足相応門（どうじぐそくそうおうもん）

諸事象が同一時間及び同一空間に於いて縁起の関係をなし、具足円満し彼此照応すること。

一つの事象が他の事象を同時に具え含んでいること。

［環境第一法則］因果律と両面性
環境事象の因果律は環境作用（因）とその結果の環境形成作用（果）との関係にあり、一つ事象は因の側面とまた、果の側面の両面性を同時に具えている。

（第二法則）広狭自在無礙門（こうきょうじざいむげもん）（諸蔵純雑具徳門（しょうぞうじゅんぞうぐとくもん））

諸度門の行という点からみて一多・純雑の相即相入を語る一門。

広と狭とが自在に融合してさわりがないこと。

［環境第二法則］柔軟性とゆらぎ
生態学的循環はめったに柔軟性を失うことはないが、その際さまざまな変数は相互依存的にゆらぐ。

（第三法則）一多相容不同門（いったそうようふどうもん）

一つの事象と多くの事象とがその力や用（はたらき）を互いに融けあっていてさまたげがなく、

しかも常に一多各自の特徴を失わない（安定している）こと。

［環境第三法則］　安定性と多様性
生態系の安定性は自らの関係のネットワークの複雑さ、言い換えると生態系の多様性に決定的に依存している。

（第四法則）　諸法相即自在門（しょほうそうそくじざいもん）

一つの事象と多くの事象との体が相互に円融融通無礙であって一即多・多即一であること。

相互円融無礙であること。

［環境第四法則］　相互依存性
生態系の全構成員は関係のネットワークによって結ばれ、そこに於ける全ての生命プロセスは相互に依存し合っている。

（第五法則）　隠密顕了倶成門（おんみつけんりょうくじょうもん）（秘密穏顕倶成門（ひみつおんけんくじょうもん））

一つの事象と多くの事象とは隠と顕とがあるが、また互いに縁起を成立させて先後がないこと。

［環境第五法則］　生態学的循環とその原動力
生態系の構成員同士の相互依存は物質とエネルギーを絶えず循環させることによって成り立つ。

例えば、太陽エネルギーが緑色植物の光合成によって化学エネルギーに変換され、全ての生態学的循環の原動力になるというような事象をいう。

（第六法則）微細相容安立門（みさいそうようあんりゅうもん）

一つは多くを含み、多は一を容れ一多の破壊ないこと。

大と小とが互いに相入れ、しかもそのまま存すること。

［環境第六法則］多重システム
微小小宇宙には全ての環境事象が構成されておりそれが集まって更に自己完結の中宇宙を形成する。宇宙はこのような多段宇宙システムよりなる。

（第七法則）因陀羅網法界門（いんだらもうほうかいもん）（因陀羅微細境界門（いんだらみさいきょうかいもん））

諸事象が一多相即相入して重々に映現し、穏映互いに現れて無尽なこと。（これをインドラ神の網に例える）

［環境第七法則］無限関係性
全ての環境事象は重々無尽に相互に関係しあって構成されている。

（第八法則）託事顕法生解門（たくじけんほうしょうげもん）

智という点からみて縁起せる諸事象は一つとして仮託せざるものがないこと。

事柄を上げて、それにこと寄せて法の義理（相即相入の理）を表し、人に理解を生ぜしめること。

［環境第八法則］相似律と普遍性

諸々の環境事象はそれにことよせる事例で説明出来る理がある。即ち、環境現象には相似律があり、適正な代表性があるもので人に理解を生ぜしめること。

（第九法則）十世隔法異成門（じっせかくほういじょうもん）
世即ち時間という点からみて一多の相即相入を明らかにする門で、過去、現在、未来の三世に各三世があるから合わせて九世を成じ、九世は相即相入するゆえに一念となり総と別とで十世となる。時間の永遠の流れと存在。

［環境第九法則］共進化性と持続性（進化・順応・適応・遷移）
生態系に含まれる各生物種の長期的な生存（持続可能性）は有限の資源基盤に依存している。生態系の中で生物種の大半は、創造と相互適応・順応・遷移の相互作用を通じて共進化する。

（第十法則））主伴円明具徳門（しゅはんえんみょうぐとくもん）（唯心廻転善成門（ゆうしんかいてんぜんじょうもん））
諸事象はみな如来蔵心をその本性としていて、どれも心の外の実在ではないということ。六相のうち一つが主となれば他の五相は伴となり補完すること。

［環境第十法則］補完性と棲み分け性
生態系の生命を持つ全構成員は微妙な競争と協力の相互作用を行いながら様々な形の合い補完する関係を保持している。

6. 環境十法則とフリッチョフ・カプラ博士のエコロジー八法則

デカルト哲学やニュートン物理学で大きな発展を見てきた理論物理学は素粒子の運動やその次のステップの現象解決に行き詰まっている。最先端の理論物理学者であるオーストリア生まれのフリッチョフ・カプラ博士は、東洋哲学の思考で新たな解決への道が開けるとし、「ニューサイエンス」と称して科学の飛躍的発展を目指して活躍している。

一方、フリッチョフ・カプラ博士は現在の混迷を極めている環境問題解決の道も、昨今世界中の上辺だけを飾って事足れりとする「環境主義」が跋扈する中、枝葉末節的な違いのみに目を奪われているエコロジーを「シャロー（浅層）エコロジー」と称するのに対し、フリッチョフ・カプラ博士は環境問題解決の鍵は東洋哲学であるとして、それらに基づくエコロジーを「ディープ（深層）エコロジー」論と称しその展開を積極的に図っている。

これら一連の研究活動を踏まえてフリッチョフ・カプラ博士は各種真理探求の末に環境問題の真髄としてエコロジー8法則を提唱するに至った。

華厳宗十玄門が教えている環境十玄門即ち、エコロジー十則とほぼ類似のものを提唱した。東洋哲学の自然現象の観照の深さに改めて感心させられる。

十玄門とエコロジー・十則

華厳宗・十玄門	エコロジー・十則 （環境十玄門）	エコロジーの八法則 （フリッチョフ・カプラ博士）
同時具足相応門《どうじぐそくそうおうもん》	因果律と両面性	
広狭自在無礙門《こうきょうじざいむげもん》 （諸蔵純雑具徳門《しょぞうじゅんぞうぐとくもん》）	柔軟性とゆらぎ	柔軟性とゆらぎ（第６法則）
一多相容不同門《いったそうようふどうもん》	安定性と多様性	多様性（第７法則）
諸法相即自在門《しょほうそうそくじざいもん》	相互依存性	相互依存（第１法則）
隠密顕了倶成門《おんみつけんりょうくじょうもん》 （秘密隠顕倶成門《ひみつおんけんくじょうもん》）	生態学的循環とその原動力	生態学的循環（第３法則） エネルギーの流れ（第４法則）
微細相容安立門《みさいそうようあんりゅうもん》	多重システム性	
因陀羅網法界門《いんだらもうほうかいもん》 （因陀羅微細境界門《いんだらみさいきょうかいもん》）	無限関係性	
託事顕法生解門《たくじけんぼうしょうげもん》	相似律と代表性	
十世隔法異成門《じっせいかくほういじょうもん》	共進化性と持続性 （進化・順応・適応・遷移）	共進化（第８法則） 持続可能性（第２法則）
主伴円明具徳門《しゅはんえんみょうぐとくもん》 （唯心廻転善成門《ゆうしんかいてんぜんじょうもん》）	補完性と棲み分け性	パートナーシップ（第５法則）

7．環境循環の心・環境五訓

華厳宗の四法界のうち事事無礙法界が環境問題そのものズバリであること。更に、華厳宗の十玄門は環境十法則を述べていることを上述してきたが、10の数は覚えるには多すぎる。「水」の本性を水五則・五訓という形にまとめられているが、環境問題の真髄についても数は少ない方が普及しやすい。

フリッチョフ・カプラ博士の八法則でもやはり多すぎる。やはり五法則程度が限界と見て、上述の環境十法則を水五則に習い環境五法則の形に再編成して見た。華厳宗十玄門のうち環境問題として現在の知見のもとに類似性の強いものをまとめたものである。

フリッチョフ・カプラ氏は１９３９年生まれのアメリカの物理学者で素粒子物理学とシステム理論の研究者で、西洋文化は伝統的な直線思考やデ

環境五則・五訓

一、ある時は因となり、又果となり、因果の律に法とり融通無礙なる体を呈し、その恒常性を保とうとするは環境なり。

一、極めて多様な様態を呈しつつ、互いに相い依存しつつ、それに安定性を託するは環境なり

一、太陽の深き恵みを様々な形で吸収し、己のつきせぬ活動の源とするは、環境なり

一、縦横無尽に相い関係しつつ、四次元空間に壮大にして無限の多重体系を構築するは環境なり

一、自他捷み分け、相い補い、共に遷移の道に持続の歴史を刻むは、環境なり

カルトの機械的世界観を捨てるべきだと主張。現代物理学と東洋思想とは厳然として同じ認識に向かっていることを指摘した。The Tao Physics 邦題「タオ自然学」１９７５は、科学におけるニューパラダイム思考は仏教におけるニューパラダイム思考は宇宙の森羅万象に関して驚くほど両立しうる見方を提起した。ベストセラーとなった。

7　風土五訓

土木事業はこれまでそのものが立地する地域との関係を論ずる場合、より便利な地域にするとか、より安全な国土にするとか、という2つの観点の対象として地域を見てきた。

しかし、昨今は利便国土形成と安心国土形成という観点に加えて、自然環境との共生ということが論じられてるようになった。しかし、私は利便性、安全性、環境との共生という切り口も非常に重要ではあろうが、更に、地域の風土文化に馴じむ土木事業の展開という観点を付け加えることが重要であると考えている。

土木は大地を刻し、利便国土、安心国土の形成を目的とする実学である。良きにつけ悪しきにつけ、大なり小なり、環境改変を伴わずに大地を刻することは出来ない。その意味で自然との共生の視座ということで環境問題を内部目的化した土木事業の展開は当然の帰結であり、土木事業が大規模化して行けばその視座はますます大きくなってくるものと思われる。

環境と同じことが風土についても言える。良きにつけ悪しきにつけ、大なり小なり、風土の改変を伴わずして道路を造ることも、河川を改修すること等、大地を刻することは出来ない。その意味でその地の風土文化に馴じむ土木事業という視座が重要になってきている。現在、環境問題を内部目的化した土木事業の展開が期待されている。というよりは土木事業は本来、Civil Engineeringであり、①（安心国土基盤形成）、市民が安心して暮らせる国土基盤づくりの工学であり、②（利便国土基盤形成）市民が生き生きと社会活動が行える国土基盤づくりの工学であり、更に③（良好風土形成）市民がその地で心豊かに生活し豊かな風土文化を形成していくのに資するための国土基盤づくりの工学である。

これまでの①の安心国土の形成と、②の利便国土の形成は、従来の土木工学の指向してきた「用」と「強」の追求による〝ものづくり〟の技で実現してきた。しかし③の心豊かに過ごせる社会環境基盤つくりのためには自然生態系との共生の視座とその地の風土文化との馴じみの視座が欠かせない重要な問題なのである。

すなわち、土木工学はそもそもその起源に立ち戻り考えれば、その地の風土文化に馴じみ、その地のこれからのよりよき風土文化を形成していくものに資する社会基盤づくりのための工学であったはずである。

土木工学はニュートン力学やデカルトの要素還元論から非常なる発展をとげた科学技術を取り入れ、従来、人のなす技では不可能であるとされてきた地域の夢のまた夢を次から次へと実現してきた。

本州と北海道を結ぶ青函トンネル、本州と四国を結ぶ夢の架け橋、実にそのパワーたるものは余りにも大きい。これまでの土木事業からすれば、この20~30年間に余りにも巨大になった。これは土木技術者のたゆまぬ研鑽と研究の偉大なる成果である。

我々の諸先輩が築き上げてきた、そして克服してきた「用」「強」の土木技術はまさに世界一と称しても過言ではない。

日本の環境は欧米の環境と異なり、大変自然復元力が豊かであり、大変ふところが深い、ささいなことはよく呑み込んでくれた。これまで環境のことを特段意識して配慮することがなくても、それ相応に馴化、順応してくれたと見ることが出来る。しかし昨今、土木事業の規模も巨大プロジェクトとなり環境保全、環境創造という観点でそれ相応に十二分に配慮しなければ環境容量をオーバーしてしまうことになってきた。従って環境問題を内部目的化することが重要となってきたのであろう。

同じことがその地域の風土文化についても言える。日本の風土文化は西洋の作り、保存する石積文化とことなり、木造文化であり、作り、つぶし、作り替える文化であり、土木事業の規模も小さいうちは風土文化もそれらに順応馴化し、これまでのその地の風土文化に致命的なダメージを与えることなく溶け込み、またその地のその後の良好風土文化の形成に資するところがあった。

しかし、昨今の土木事業の大規模化に伴い、それ相応なその地の風土文化に対しての配慮をしなければ、これまでのその地の長い歴史が築いてきたその地の風土文化に大きなダメージを与えるし、また、その後のその地のなせる風土文化の形成に寄与できないことが危惧される事例も見られてきた。

私は、以上のような3つの視座からその地域と処する切り口も有効であることに何ら異論をはさむものではない。しかし、今後、私達は見方を変え、「知」「敬」「馴」という観点でもその地域と付き合うことが求められているように思えてならない。

風土の概念は何か。

風土は中国起源の語で、元来、季節の循環に対応する土地の生命力ということだという。土地は、天地の交合によって天から与えられた光や熱、雨水などに恵まれているが、生命が培うこれらの力が地上に吹く風に宿ると考えられていた。

風土の本性を五訓としてまとめて見る。

一．五感で感受し、六感で磨き、その深さを増す内に秘めたる、地域の個性、地域の誇り、それが風土なり

一．そこに住む人々の深き思いに、思いの度合いに応じ答えてくれ、他の地の者が、違いを認知すればより光る地域の個性、それが風土なり

一．地域の人々の心を豊かに育み、その地の文化の花を咲かせてくれる、鳳のはばたき、それが風土なり

風土五訓

一、五感で感受し、六感で磨き、その深さを増す内に秘めたる、地域の個性、地域の誇り、それが風土なり

一、そこに住む人々の深き思いに、思いの度合いに応じ答えてくれ、他の地の者が、違いを認知すれば、より光る地域の個性、それが風土なり

一、地域の人々の心を豊かに育み、その地の文化の花を咲かせてくれる、風のはばたき、それが風土なり

一、悠久の時の流れで形成され、自己の存在を認識させてくれる外界　自己了解のもと、自己の自由なる形成に向かわせてくれる外界、それが風土なり

一、そこで住む人々とその地が発し、人々の感性をゆり動かす、そこはかとなく漂う、ほのかなゆかしい波動　それが風土なり

Five Principle of the Fuudo

一. *What is felt through the senses, is improved by intuition, and increases its profundity such as the regional individuality and pride, that is the fuudo.*

一. *What answers according to the residents thought for it, and shines brighter when strangers recognize the difference, that is the Fuudo.*

一. *What is the wonderful cradle of the hearts of residents, and promote the culture such as flaps of a Chinese Ootori, that is the fuudo.*

一. *What is made up through the eternal passage of time, such as the external world that makes us recognize our self-existence. What is the physical world that helps us to from ourselves freely according to our self-under standing, that is the fuudo.*

一. *What is organized by the residents and the earth and have influences on the human sensitivity such as a faint and admirable wave motion drafting somehow, that is the fuudo.*

一．悠久の時の流れで形成され、自己の存在を認識させてくれる外界、自己了解のもと自己の自由なる形成に向かわせてくれる外界、それが風土なり

一．そこで住む人々とその地が発し、人々の感性をゆり動かす、そこはかとなく漂う、ほのかなゆかしい波動それが風土なり

鳳のはばたきとは何か。

図の上段は亀甲文字であり、中段は篆刻文字であり、下段は楷書である。

右列は大鳥の横から見た姿であり、左列は大鳥が羽ばたいて揺れ動くさまを点々で示している。

鳳と風とはまったく同じ語源である。中国では〝おおとり〟を風の使い風師と考えられていた。

亀甲文字の　は　型に張った帆の象形であり、帆のようにはためきゆれる様を表し、動物（森羅万象の代表として）に刺激を与える〝かぜ〟を表している。

大鳥がはばたいている　大鳥の姿
ゆれ動いているさま

後漢の許慎の『説文解字』に〝風動いて虫生ず〟とあるように風という字の中の虫は、一年中で最も早く生じる生物と見なされていた。従って、虫は生物の代表として考えられていた。

〝おおとり〟とは何か、殷（イン）の人たちが風神として祭った想像上の鳥であり、聖人が世に出た時、めでたいしるしとしてあらわれる鳥である。戦乱の世は心が乱れて文化は形成されません。聖人が出て人心の乱れを平らかくしてはじめて、心が豊かになり、文化の花が開くと考えたのである。

次のゆかしい波動とは何か。心地よい感動とは、刺激媒体の共鳴現象ではないだろうか。人間をとりまく森羅万象は五感で感じる。音を感じる刺激媒体は空気振動である。形や色を感じる刺激媒体は光の波動、すなわち電磁波である。においを感じる刺激媒体は微粒子、分子の波動なのである。味を感じる刺激の媒体は高分子やイオンである。これらはすべて波動であり、これらの五感の感覚器官で受信した波動と人間の頭脳にある千億程度の膨大な数の神経細胞(ニューロン)との微妙な共鳴現象が感動ということではないだろうか。私共がこれまで大変な恩恵を享受してきた近代科学技術が対象としてきた現象は人間の五感という感覚器官で感受できる信号を対象としてきた。いや人間というより人間と人間が発明したいろいろな道具でもって感受できる信号を対象としてきた。すなわち、人間の目とその延長線上のミクロに対する電子顕微鏡、マクロに対する望遠鏡、それに各種の電子電気計測装置で測定が可能になった電磁波等々を対象としている。これらの波動のレンジの外、すなわち超々ミクロな波動、超々マクロな波動領域での現象は現在の科学技術の段階では感知できていない。そのような波動の領域が存在しているのである。

これまでの科学技術の進展は人間のあくなき探求心の成果として測定できる波動のレンジを間

違いなく確実に拡大していく過程でもある。

　私は、土木技術者は自然環境として見た大地に刻する技術者であると共に、その地の文化として見た大地、すなわち風土に足跡を残す技術者であることの自覚と認識が欠かせないと思う。そのような自覚と認識に立脚すれば、その地ごとの千変万化の多様な様態を呈している自然環境と我々の祖先がその地に居をかまえ、その自然環境との相互のやりとりの長い歴史の過程で築きあげてきた極めて多様な風土文化を徹底的に知ろうとすることがまずもって最も重要なことであると思う。まず「知環境」と「知風土」である。

　風土を知れば知るほど「風土五訓」に表現されている風土の本性の重みが感じられる。「利便国土形成」とか「安心国土形成」とかの概念には人間様の一方向の自然環境や風土文化に対するやや傲慢な接し方が潜んでいるように思えてならない。

煩悩						環境問題	風土問題
五蘊	色	物		物質と肉体		環境事象	風土事象
	受	心所	心	感受作用（五感）	眼 → 視	視覚環境	視覚風土
					耳 → 聴	聴覚環境	聴覚風土
					鼻 → 嗅	嗅覚環境	嗅覚風土
					舌 → 味	味覚環境	味覚風土
					身 → 触	触覚環境	触覚風土
	想			表想作用（想像）	概念構成過程 ↓	心象環境	心象風土
	行			識別・記憶作用	認知過程 ↓	景相環境	景相風土
	識	心王		認識判断の作用	心象形成過程 ↓		

　環境も風土も人間様からのActionとそ

れに対する環境や風土からのReactionのやりとりの中で形成されていくものであります。従って、一方向の視座でなく、二方向の融通無礙なるCoactionの視座に立った対応が極めて重要である。環境と風土の真髄に深く思いを寄せれば、環境風土に対し、人みずから、まず敬虔な、そして謙虚な気持ちにならなければならない。

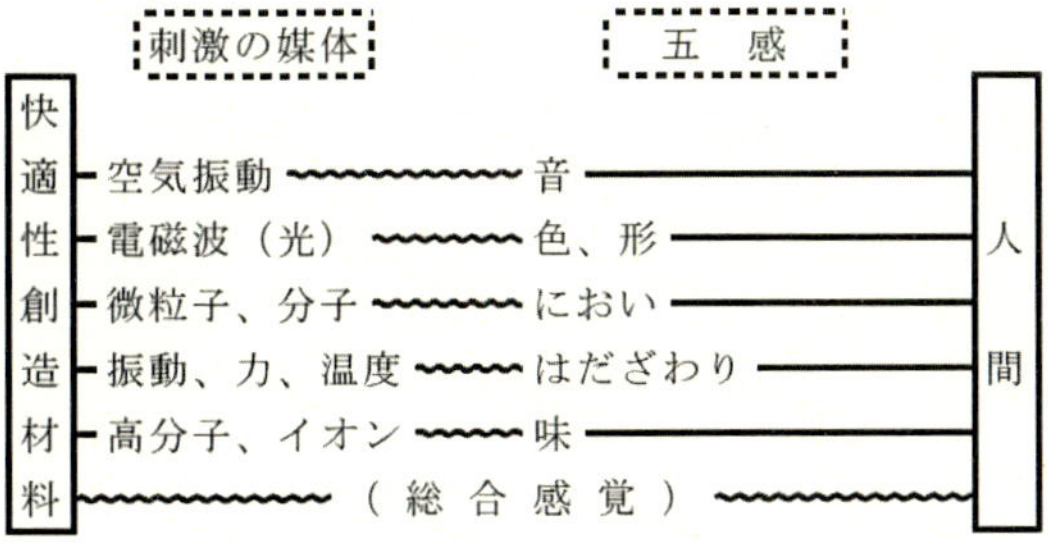

「知環境」「知風土」の次は素直に「敬環境」「敬風土」ということになる。

「知」とは人間の感覚器官である六感の受信過程であります。仏教哲学には五蘊の思想がある。すなわち「色」「受」「想」「行」「識」である。今、展開している課題における「色」とは考察している対象物としての「環境」や「風土」がそれにあたる。

「知」とは五感の感受作用である「受」と心所における表想作用である「想」にあたるプロセス認知過程そのものである。「知」の次の「敬」とは「受」「想」の次に来るプロセス心所における識別記憶作用である「行」と、心所における認識判断の作用である「識」のプロセスすなわち、心象形成過程の表に現れたる様態そのものである。

環境にActionをおこし、風土に問いかける行為者としての土木技術者は「環境」と「風土」をまず徹底的に調べ尽くし、知り尽くす努力をする。「環境」も「風土」もその努力の度合いに応じ必ず奥深きメッセージを送ってくれる。こちらの「知」を極めたいとの思いの度合いに応じ、その結果として現れてくる「敬」の様態に対し、心温かき寛容なるメッセージを届けてくれる。メッセージの内容はおのずから「馴」の心である。環境にActionし、風土に問いかける技術者のその処方の基本は「馴環境」であり、「馴風土」である。

風土の本性に素直に馴じむ土木、すなわち、風土にハーモニーし、風土を活かし、風土を光らす地域社会基盤づくりである。「馴風土」の心は、そもそも、土木の本性そのものだったということである。土木の自己実現の様態が「馴風土の心」ということである。

私達が携わっている土木技術とは、私達が愛してやまない我がふるさと国土づくりの技なのである。

ふるさととは一体何なのだろうか。

「ふるさととは
そこに住む人びとにとって
自信と誇りのもてるところで
なければならない

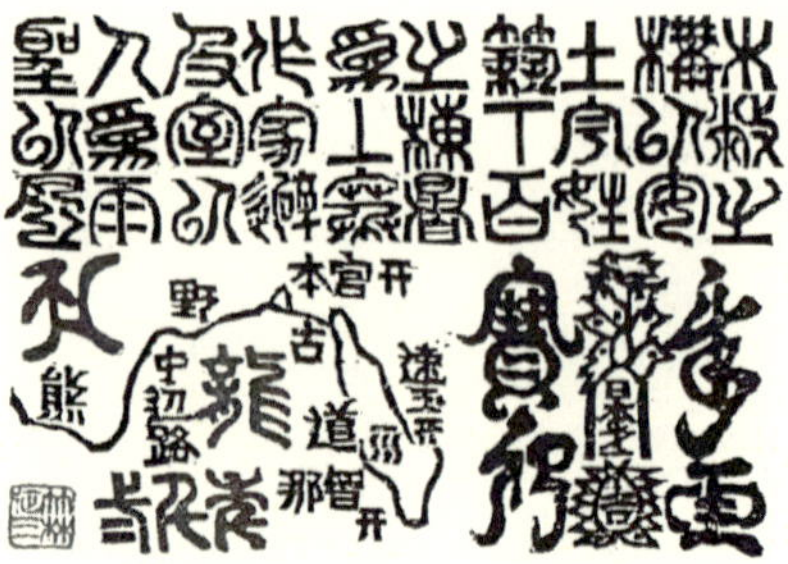

そこに楽しい仕事と
暮らせるだけの所得があり
自然や社会環境が
より良く保たれ

みんなが健康で心のふれあう
温かい人間関係とそして地域の
将来に明るい未来観が
もてるところでなければならない

多様化した社会の中でひとつの
リズムを追うものでなく
さまざまな人のいろいろな
社会活動の欲求を満たして行くハーモニー
これがふるさとづくりではなかろうか」
（山梨県白根町役場、町長室の額より、作不詳）
私達が行わなければならない市民のための工学、風土とハーモニーし、風土を活かし、地域を

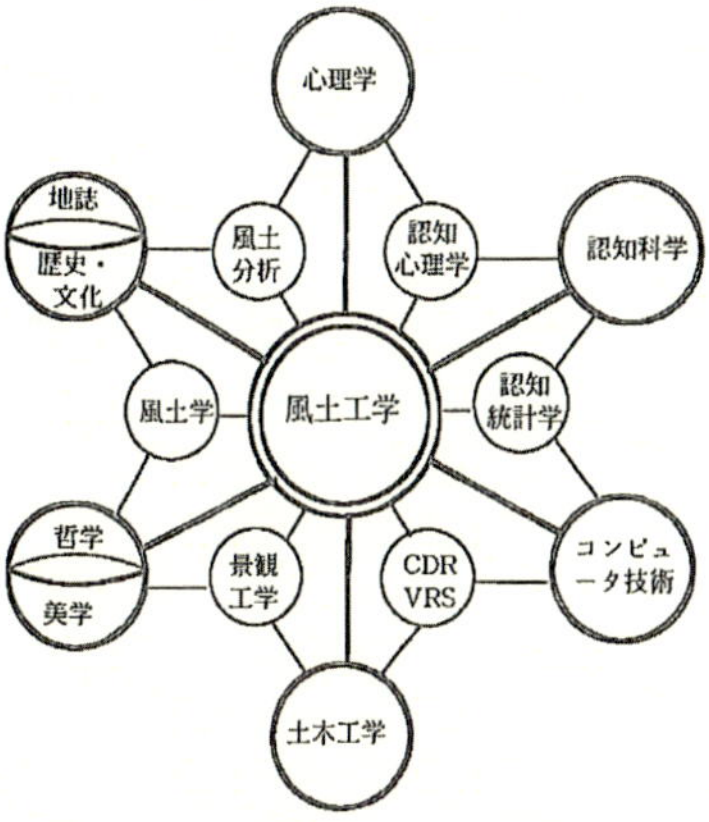

風土工学を支える６つの柱

光らす、地域づくりの土木工学がまさに風土工学なのである。

風土工学とは何か。

Ⅰ．風土工学とは

・あなたの町には大変素晴らしい風土資産がある

・ないと思う心が地域をダメにする

・掘り起こせば宝の山・あなたの村・町は

・地域の誇りを作る心、それが地域愛

・風土資産をなぜ活かさない

・地域を光らす、感性と風土文化

・感性は磨くもの・文化は耕すもの

・風土資産の要・土木施設

・土木事業は地域おこしの最大の好機

・地域の誇りを、土木施設にデザインする

それが風土工学

Ⅱ．風土工学としてのネーミング

・名前は文化、名前には様々な意義が隠されている

・仕分け分類・命名は学問のはじまり

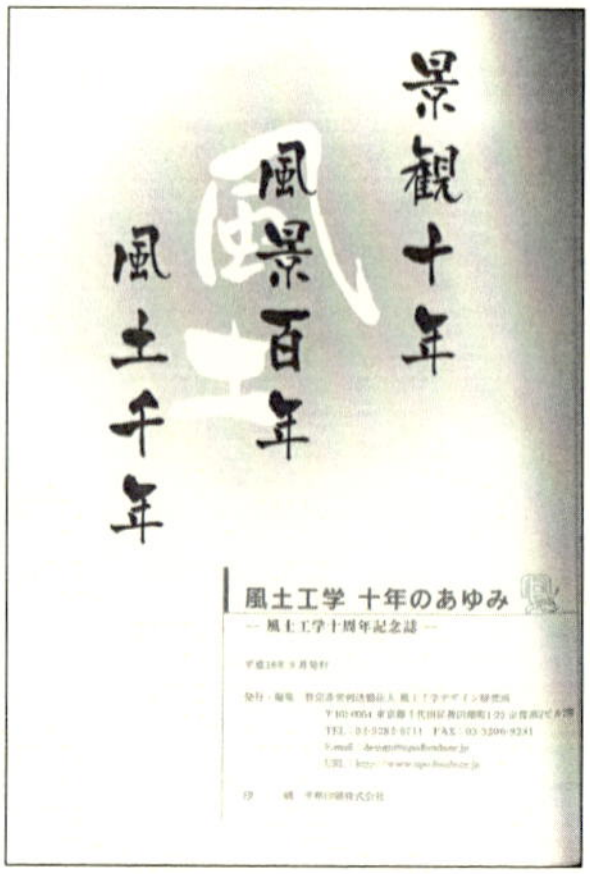

風土工学とは、地域おこしに於いて、地域の持つ風土文化やローカルアイデンティティを景観設計やデザイン要素等のハードのものの他、ネーミングデザイン等のソフトに適合させることにより地域の個性にあった土木事業を計画するテクノロジーである。

名前には命名者の意図が織り込まれている
・名前は最小最短のポエム
夕べに口ずさむ尊厳のメッセージ
名前を使うことにより命名者の意図が伝達される
・地名には、計り知れない資産価値 equity がある
名前はワッペン高付加価値
名前ひとつで大儲け、「トマト効果」にあやかりたい
駅名、湖名一つで観光客急増
・地図に残る仕事・土木は地図に名をデザインする仕事・土木
・成長し出世する名前、成長しない名前
ふさわしい命名はむずかしい
・古い名前には歴史に耐えてきた風格がある
・新しく使われる名は地域の夢を育てる
・ネーミングにはこだわりが重要
統一したコンセプトによる命名で効果百倍
・土木施設のネーミングデザインそれがソフトな風土工学

Ⅲ. 風土工学としての景観設計（1）

地域の住民がこれまでの物理的充足を満たす土木施設を超えた地域の誇りとなる土木施設求め始めた現在、最適化原理から個性化原理を導入するテクノロジー・風土工学が求められている。

・大自然が永年かけてつくった風土の景観には深い深い趣が隠されている
　・地域の持つ高い風土資産の発掘と評価、それが風土工学のはじまり
・景観設計にはこだわりが重要
　　統一コンセプトによる景観設計により効果百倍
・新しいコンセプトによる景観設計は地域の夢を育てる
　　その地の風土になじむものそれが風土工学
・その地の風土にふさわしい新しいコンセプト
実は大変難しい。それを支援するのが風土工学

Ⅳ．風土工学としての景観設計（2）

・ユニティ統一の原理による秩序の美の演出
それがデザインコンセプト。美のはじまり
　・風土とハーモニーし、コントラストし、そして風土の中に
アイデンティティを見いだす。それが風土工学。美の三定理
　・型枠により作られた土木構造物の「かた」に「いのち」の「ち」を
吹き込み、「血」のかよう「かたち」をつくる。それが風土工学
　・カラーという道具を使い、「いろ」という思いを入れ、風土との
ハーモニーの演出。それが風土工学

人に個性があるように地域にも強烈な個性がある。人にプライドがあるように、地域にもプライドがある。しかし地域の個性はしばしば隠れている場合が多い。地域のプライドはしばしば傷つけられて泣いています。

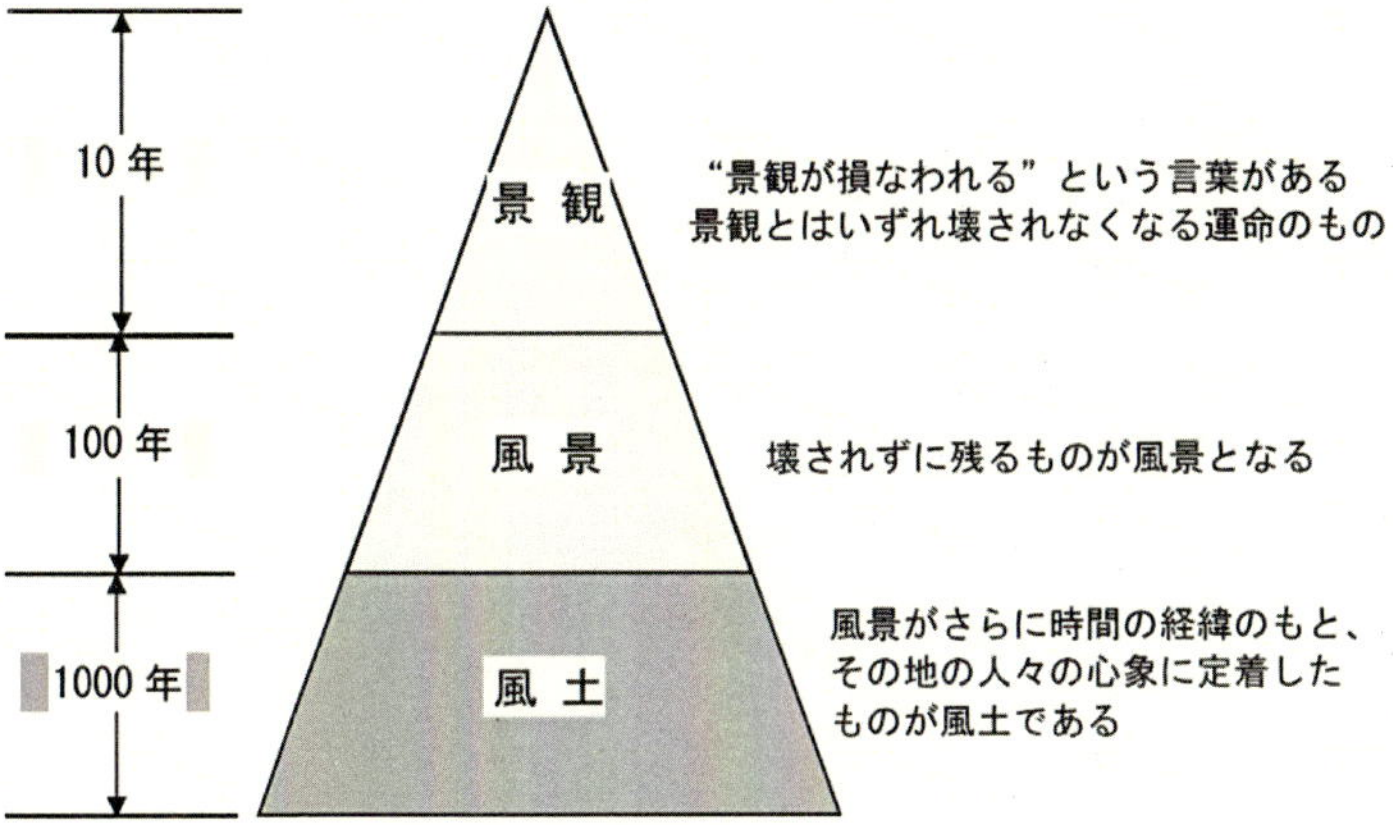

ル・アイデンティティの演出。

風土五訓を構築し、その普及啓発にあたってまず最初に直面したのが工学に携わっている多くの方々は感性が工学になるなどということに大きな抵抗があった。感性工学の創始者長町三生先生の大変な十年近くの苦闘のすえ、ようやく多くの方々の理解を得て、感性工学会が出来るところまできた。しかし、風土工学を理解して認知されるには更に大きな障壁が数々あった。それを打破しなければ風土工学はまっとうな評価は得られない。

よく理解してくれる方から、環境工学ならまだ理解できるので環境工学とすべきだとのアドバイスしてくれる方もあった。環境と風土の違いが重要なのである。五感はわかるが六感がわからないという。仏教の竟覚の概念を理解してもらわなくてはならない。環境と風土とは一見同じようだが、根本的に違うのは心の概念が入っているかどうかなのである。そのような思索から風土工学を理解してもらうために「景観十年、風景百年、風土千年」や「風土工学の思い」「風土工学のすすめ」等々多くのフレーズを作成した。その結晶が「風土五訓」なのである。更に「風土工学の歌」を作詞してみた。

風土五訓

一、五感で感受し、六感で磨き、その深さを増す内に秘めたる、地域の個性、地域の誇り、それが　風土なり

一、そこに住む人々の深き思いに、思いの度合いに応じ答えてくれ、他の地の者が、違いを認知すればより光る地域の個性、それが風土なり

一、地域の人々の心を豊かに育み、その地の文化の花を咲かせてくれる、風のはばたき、それが風土なり

一、悠久の時の流れで形成され、自己の存在を認識させてくれる外界　自己了解のもと、自己の自由なる形成に向かわせてくれる外界　それが風土なり

一、そこで住む人々とその地が発し、人々の感性をゆり動かす、そこはかとなく漂う、ほのかなゆかしい波動それが風土なり

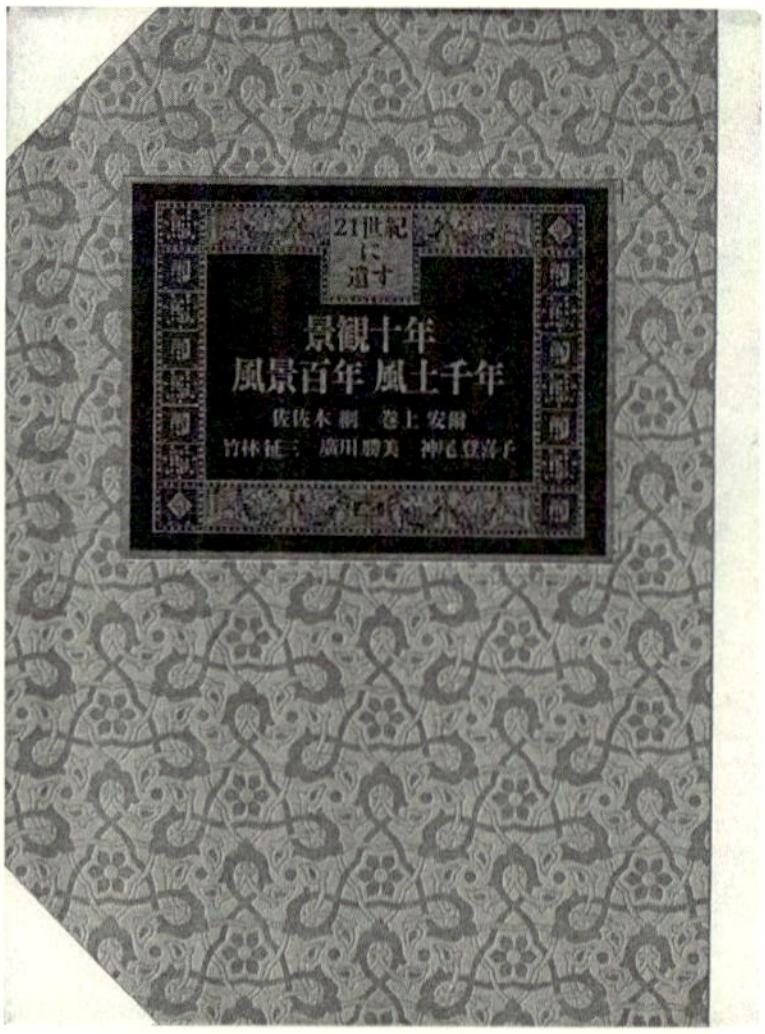

風土工学の歌
今求められている風土工学

一、
誇り・豊かさ目指す土木
すばらしい橋が出来たとしても
何故か、心が満たされない
地域愛、その地に注ぐ心を
おき忘れてきたから
今求められている風土工学

二、
悲願達成目指す土木
長いトンネル出来たとしても
何故か、感謝の思い届かない
効率・経済　ただ一途に
追い求めてきたから
今求められているのが風土工学

三、
安全国土を　目指す土木
高い堤が出来たとしても
何故か、不安の記憶が残る
自然と共に生きて行くと
心に刻み　忘れずに
今求められている風土工学

四、
利便な国土を目指す土木
立派な道が出来たとしても
何故か、人々絆　薄れます
長い歴史と風土の心をどこかに
おき忘れてきたから
今求められている風土工学

風土工学の思い

その地の過去が　作ってきた　風土
　それだけの　風土ではなく
未来への　夢が広がる
　　風土にしたい。
その地の現在が　作っている　風土
　それだけの　風土ではなく
未来への　発展の種を　育む
　　風土にしたい。
その地の人々を　育んできた　風土
　それだけの　風土ではなく
誇り得る個が　自他に　認知される
　　風土にしたい。
時空を越え　一度しか　接し得ない　風土
自由なる形成に　向かわせてくれる
　　風土なので
自他にとって　存在の意義を　育む
　　風土にしたい。
森羅万象　総てにとって
　夢のある　明るい未来に　向けて
　　かけがえの無い　風土なので
ただそれだけの
　風土だけには　したくない。

作　竹林 征三

人に個性があるように、地域にも強烈な個性がある。人にプライドがあるように、地域にもプライドがある。しかし、地域の個性は、しばしば隠れている場合が多い。また、地域のプライドは、しばしば傷つけられて泣いている。感性を磨き、地域の歴史や風土・文化などをよく知れば、隠れているものが見えてきて、プライドの悲痛な叫びが聞こえてくる。感性を磨けば磨くほど、地域の歴史や風土・文化を知れば知るほど、その度合いに応じて地域の個性がより輝いていることが分かってくるのである。

○夢のある「ふるさと」に向けて

〝夢の実現に向けて〟夢のない人生はつまらない。

同じように、夢のない地域はつまらない。

このふるさとの風土に、どれだけ夢を生み出す人がいるか。

夢を見つけ出す人がいるか。

それがこの地の将来の明暗を分ける、大きな指標の一つである。

智慧と熱き思いは、夢を現実にする力を持っている。

智慧は夢の中で種子が生まれきて、熱き思いの中で大きく育まれる。

個の発想より夢は生まれ、群の想像にて夢の結実に向かう。

夢の実現に向けて、大切なことは熱き思いの過程であり、結果ではない。

人間は名前により連続体である世界に切れ目を入れ対象を区切り相互に分離することにより事物を生成させる。そして名前を組織化することにより事象を了解する。ある事物について名前を得ることはその存在について認識の獲得それ自体を意味する。名付けることは物事の創造、または生成させる行為そのものなのです。

○「知」「敬」「馴」の視座
〜はが（我が）のをに（鬼）〜
風土は輝いている
風土が泣いている
風土の心を知るほど
風土を敬愛することとなり
風土に馴じむものが生まれる

その地の風土を知れば「知る」ほど、その地を「敬い」愛することになる。敬えばその地に「馴染む」地域づくりの土木ができる。「知」「敬」「馴」の地域づくりが風土工学の〝こころ〟である。

芸術だ、デザインだ、と昔より言ってきた建築の方が、機能一点張りの土木よりはるかに先行しているという優越感が、この「風土工学」によって覆えされたという、少々残念な気もしないではない。しかしそれは内輪のつまらぬ感情。土木や建築など広い意味での風土や環境に関わる仕事をしている人たちにとってこれはえらく勇気を鼓舞してくれる近来稀な学説である。」
村松貞次郎

○風土工学とは
これまでの土木工学は、より利便国土形成に向けて道づくり、鉄道づくり、港づくりに大きな成果を上げ、自然災害に強い安全国土形成に向けて河川改修・砂防事業・海岸事業等々、防災に大きな成果を挙げてきた。しかし、利便国土形成、安全国土形成するという機能の最適化原理が主流となるあまり、土木建設の果たす地域の風土文化形成機能が忘れ去られてしまっている。その結果、地域作りに大きな役割を果たす土木施設が基準化・標準化されて、日本全国〝金太郎飴〟になって個性のない町や地域が形成されてきた。今、土木についても地域の風土文化との接点が求められ、土木事業は自然環境との調和のみならず地域の誇りとなり、個性豊かな地域づくりに資する事が求められている。つまり土木事業の個性化を図り、個性的な地域づくりの一端を担う個性化原理の導入が必要なのである。

人それぞれに個性があるように、地域にも強烈な個性があり、人にプライドがあるように、地域にもプライドがある。しかし地域の個性やプライドは、隠されている場合が多く、地域のプライドも傷つけられている場合が多い。感性を磨き、土木施設の建設するその地の歴史や風土文化をよく調べ、知れば知る程、隠れている地域の個性やプライドを認識でき、地域の個性やプライドの悲痛な叫びに気づく。

土木は大地を刻し、風土を改変する仕事である。土木事業を機に地域の誇りうる個性の存在を認め、評価すれば地域の個性は更に磨かれ、地域は発展するのである。

すなわち、市民がより豊かな文明や文化を享受できるような地域づくりのため、社会に役に立ち、丈夫で長持ちのする「用」と「強」の具備されたものに、更に自然環境との調和の美を追求しようというものが環境工学であり、それらを包含する地域の風土との調和の美を追求しようというのが風土工学である。

○景観十年 風景百年 風土千年
十年の景観の向こうに
百年の風景を見る
百年の風景の向こうに
千年の風土を見る
千年の風土の中に
ほのぼのとした
いにしえの心を見る

風土に育まれた
森羅万象の中に
先人がその地に
注いだあたたかき
思いを見る

○風土工学・数え歌
一つとせ。　人知る・天知る・大地知る　それが風土工学

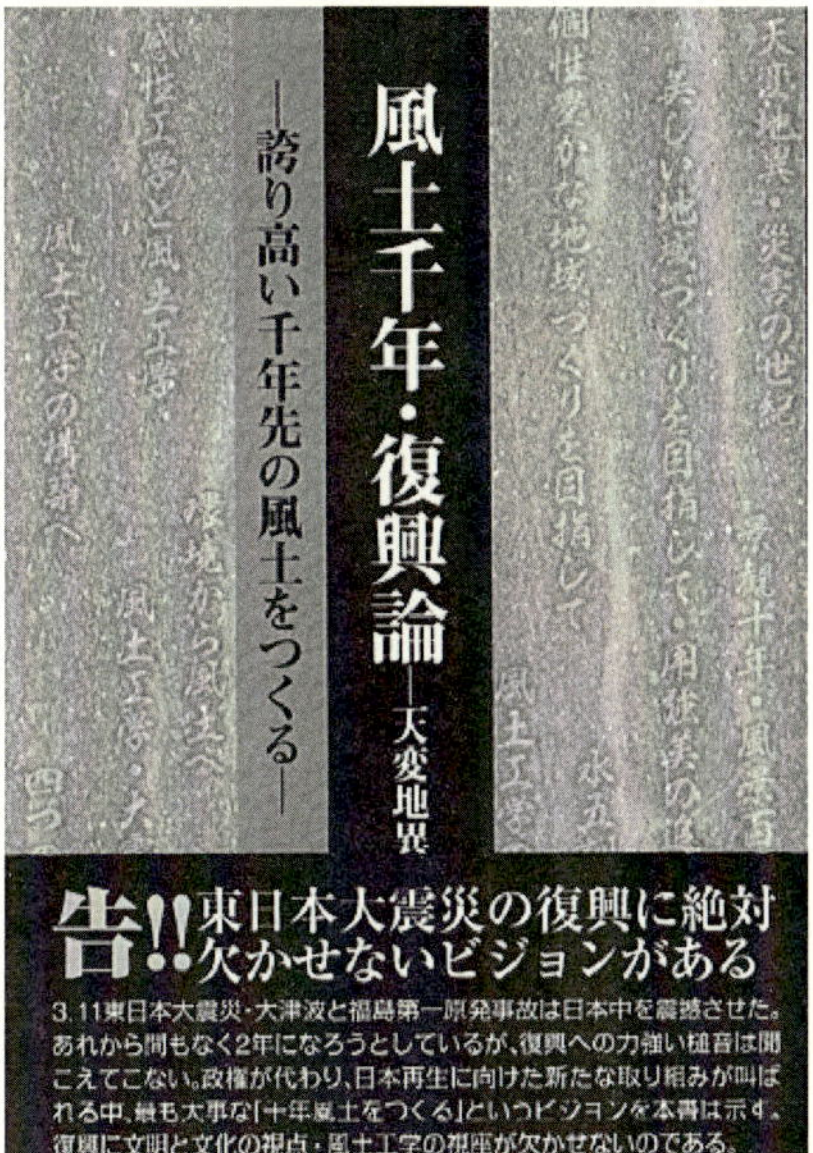
風土千年・復興論
―天変地異
―誇り高い千年先の風土をつくる―
告!!東日本大震災の復興に絶対欠かせないビジョンがある
3.11東日本大震災・大津波と福島第一原発事故は日本中を震撼させた。あれから間もなく2年になろうとしているが、復興への力強い槌音は聞こえてこない。政権が代わり、日本再生に向けた新たな取り組みが叫ばれる中、最も大事な「十年風土をつくる」というビジョンを本書は示す。復興に文明と文化の視点・風土工学の視座が欠かせないのである。

- 景歌は一刻のあだ花、近く散りゆくはかなき定め
- 風土はふるさとの舞台 忘れがたき懐かしい山川
- 風土はふるさとの大地に刻された涙の作品

二つとせ。　二つとなき・風土不二の物語　それが風土工学
三つとせ。　身近な風土に光輝く物語　それが風土工学
四つとせ。　四つの窓からアイデンティティ　それが風土工学
五つとせ。　五輪塔から学ぶ陰陽五行　それが風土工学
六つとせ。　六大に風土の宝満ち溢れ　それが風土工学
七つとせ。　七転び八起きの誕生物語　それが風土工学
八つとせ。　八百万・神々宿る・我が風土　それが風土工学
九つとせ。　九難の宿命立ち向かう苦難の物語　それが風土工学
十とせ。　東洋の智慧・原点回帰のものづくり　それが風土工学

○風土は何故、英語にはないのでしょうか
〝風土〟は何故・英語に訳せないのでしょう
〝風土〟とは〝風〟と〝土〟の物語
〝風〟の字は中に虫が抱かれている
　蟲は何を意味するのか
〝土〟の字は二つの横線に縦棒
　三線は何を意味するのか

〝風土〟とは神々の大地・文化創生物語
　神々の深い意図が隠されている
〝風土〟とは先人のその地に注いだ
　血と汗と知恵の物語
　先人のその地に注いだ思いと愛の物語
〝工学〟とは〝工〟と〝學〟の物語
〝工〟の字は二つの横線と縦棒
　こちらは、突き抜けない
〝學〟の字は大きな屋根に
　大きな重い飾りを戴いている
　屋根の下には子供がいる
〝風土工学〟とは（東洋）の知恵に学ぶ
　地域づくり、〝風土の宝〟づくりの物語

8　風土・風水・水土

「風土・風水・水土」について説明しておかなければならない。

沖縄の家の屋根にはシーサーが家を守り、街角には石敢當があり、墓地は風水思想で築造されている。沖縄の治水で最大の立役者は蔡温であり、蔡温の事蹟を理解するには「風水」の概念を知らなければならない。一方、沖縄には内地にある「風土」の概念はない。さらに中国黄河流域では「風水」や「風土」という概念はなく、よく似た概念の「水土」という概念がある。この三つのよく似ているがまったく違う概念を整理しておく必要がある。

もともとは、自然地理学と文化地理学を合わせた概念で「風水土」という概念がある。「風」と「水」と「土」の三つがその地の自然地理・文化地理を大きく規制している。日本内地はモンスーン気候で、豪雨・豪雪の気圏現象と列島の七割は背梁傾斜山地で居住には適さず、また、傾斜面は崩壊する宿命を背負っている。地圏現象が自然・文化地理学を大きく規制している。一方、日本列島は「みずほ」の国で、どこでも居住に不自由しない清澄な水が得られる。水圏現象には恵まれている。したがって自然・文

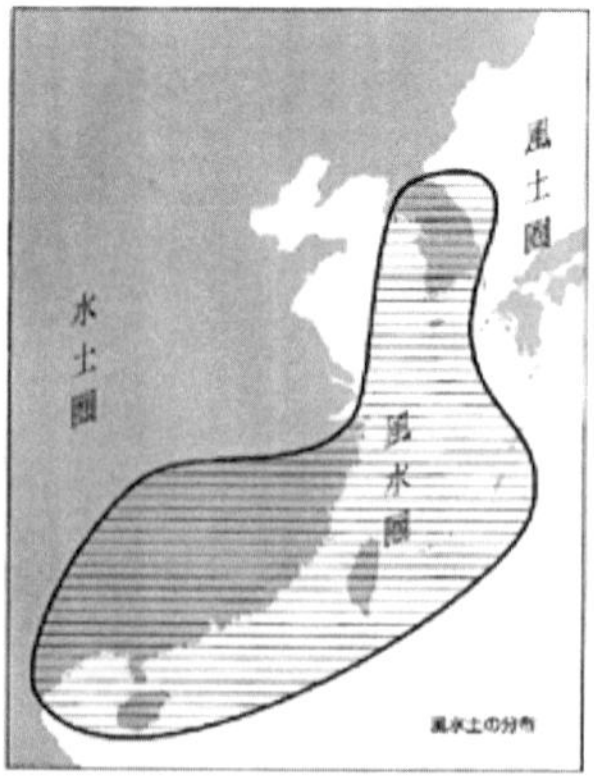

風土圏・風水圏・水土圏
(目崎茂和著『図説風水学』より)

化地理を理解するには「風」と「土」が「水」よりも大きかったので「風土圏」になった。

一方、沖縄は日本内地と同様モンスーン気候で台風や強風に晒されている。気圏現象は内地よりはるかに厳しい。また、日本列島は細長い島国だが、沖縄はさらにはるかに細長く高い山がない。河川は短く一瞬に海へ下る。沖縄の集落は、湧水や井戸を中心に形成される。水の得にくいところは居住には不適である。水圏現象が極めて大きく自然・文化地理を規制している。一方、島国で高い山地がなく、台地状地形なので地圏現象のウエイトははるかに小さい。したがって「風水圏」になった。

一方、黄河流域は黄河の氾濫原野であり黄土と砂漠地帯である。水圏現象と地圏現象が気圏現象よりもはるかに大きく、自然・文化地理を大きく規制する。したがって「水土圏」になった。

沖縄の風水は墓地や住居に適した土地選定の占いへと発展していった。「蔵風得水」の位置の見分け方、地下水脈を分断しない龍脈を大切にする計画等になっていった。日本内地にも風水思想は中国より入ってきたが、沖縄と違い都城の都市計画として四神相応の地と鬼門除け等に進展していった。

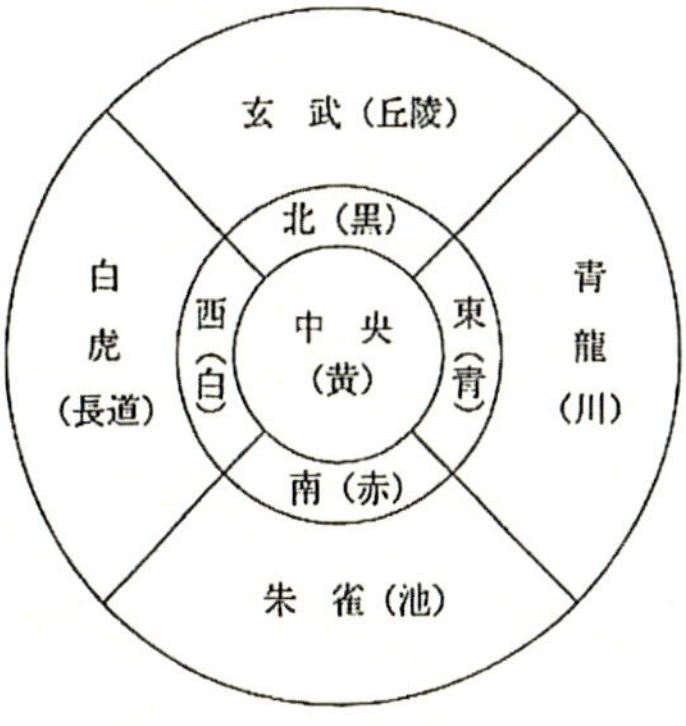

四神相応

第二部　風土の宝を数える

1　風土の宝を数える

全国各地の風土調査で現地に入り、いろいろ調べていると、地元の方々はその存在は知っているものの郷土の至宝であるとの認識の無い実に素晴らしい歴史文化に出合う。それを地元の方々をはじめ多くの方に知ってもらいたい。どうしたら良いのであろうか。自分達が地元に残されている資料や文献を読み現地を訪れ地元の郷土史家などに話を聞き、素晴らしさに感動した経緯を追体験してもらえば良い。しかしそれは不可能な話である。感動した内容を簡単に5項目くらいに要約して五訓の形にすれば良いと考える。それをまとめたのが「田上山五訓」「早池峰五訓」「森吉山五訓・諸美五賛」「鬼五訓」「禹王五賛（五徳）」等々である。具体的にどのように要約するのか。それが風土工学手法なのである。当該資産にまつわる関係する風土資産（風土の宝）を六大風土から集めてくる。それに対し、地元の人々と地元でない人々のそれら相互間のイメージ連想をアンケートする。風土資産相互間のイメージの連想度合が計算できる。それを図化すると地元の人々とその地以外の人々の風土資産の連想構造図が2つ出来る。その2つの連想構造図から地元の人々が気が付いていてかつ他の地の人も

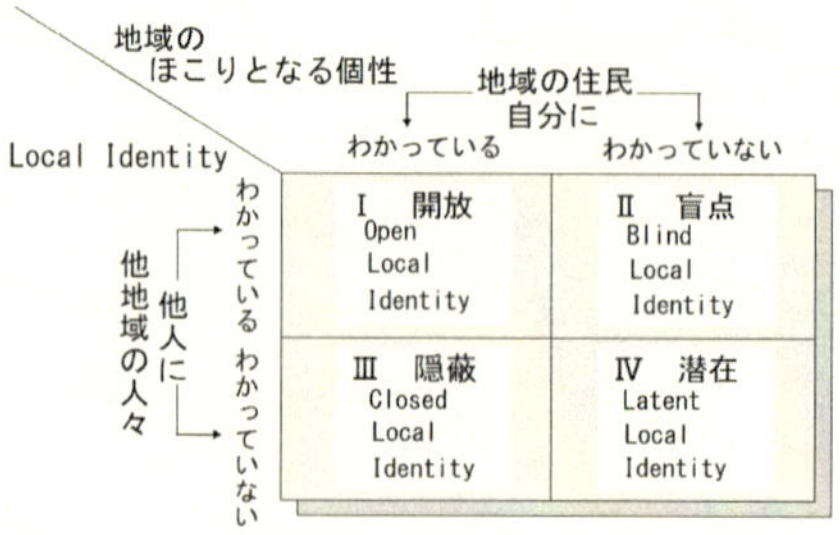

気が付いている「開放の窓」、地元の人々がよく評価しているが他の地の人々は気が付いていない「隠蔽の窓」、地元の人々は気が付いていないが他の地の人々は評価している「盲点の窓」。それに両者とも気が付いていない「潜在の窓」の四つの窓の分析が出来る。これは心理学のジョハリの自分と他人の窓を地域の誇りとなる個性に当て嵌めたのが風土工学の四窓である。その四つの窓の分析からコンセプトが創出できる。

以上のような風土工学の分析手法によりコンセプトが創出される。それをブレイクダウンして五訓をつくるのである。

Wikipedia：ジョハリの窓

	自分に分かっている	自分に分かっていない
他人に分かっている	I **開放の窓** 「公開された自己」 (open self)	II **盲点の窓** 「自分は気がついていないものの、他人からは見られている自己」 (blind self)
他人に分かっていない	III **秘密の窓** 「隠された自己」 (hidden self)	IV **未知の窓** 「誰からもまだ知られていない自己」 (unknown self)

2　鬼五訓について

日本各地の風土を調べると各地に実に多くの鬼に出合う。民俗学では鬼の研究は極めて多くの先人が鬼とは何かという命題と向き合ってきた。民俗学の巨頭折口信夫や谷川健一をはじめ、歌人馬場あき子の「鬼の研究」、若尾五雄の「鬼伝説の研究」、大和岩雄の「鬼と天皇」、近藤喜博の「山の鬼・水のモノ」等々実に多くの素晴らしい研究がある。鬼の研究はくめどつきせぬ奥の深さがあり、鬼学会も出来た。

鬼をテーマとする三の鬼の記念館も出来た。それらのもとになるのが本居宣長が『古事記伝』の中で下に記した神の定義ではなかろうか。カミの研究が重要なのである。

「高貴なるもの、善なるものだけを神と呼ばず、いやしいもの、悪いもの、あやしいものも神とする」ところにある。「悪しきもの奇しきものなども、世に優れて可畏きをば神と云なり」にさかのぼるように思える。歴史の闇に生滅した鬼とは何か考えてみたい。そのような思いで諸先賢のオニの研究を「鬼五訓」の形にまとめてみた。西洋の悪魔は100％悪である。日本の鬼は表裏二面性がある。

鬼五訓

鬼とは何か

一、闇に潜み　超越的な力の象徴
大自然の本質的なはたらき　力の発現
力つよきもの
それが鬼なり

一、何ものにも　従わなかった　荒ぶるもの
善悪を越えた　すさまじき風貌の
おそろしきもの
それが鬼なり

一、多くの民の権威への　反逆として託した
夢の存在　人間のよわき心のささえ
心やさしきもの
それが鬼なり

一、森羅万象にやどる　神仏の化身
そこに　人間の真実の心がやどる
美しきもの
それが鬼なり

一、時空間の間を　千変万化にて　自由自在に
往来し　人々との間に繰り広げる
ロマン一杯の物語
それが鬼なり

鬼かと見れば神であり
神かと見れば人間であり
人間かとよく見れば鬼なのである

日本の鬼物語

○「日本の鬼の交流博物館」京都府福知山市大江町仏性寺

○「鬼の館」岩手県北上市和賀町岩崎

○「鬼ミュージアム」鳥取県西伯郡伯耆町吉長（役場）

◎２００１年北上市の「鬼の館」は北上市の教育委員会の鬼に関する創作民話の公募をした。それに対し、竹林と田村喜子は風土工学手法を駆使して「鬼翔平物語」を創作して応募した。プロ・アマ問わず応募作品１１９点の中から最優秀賞に選ばれた。２００２年に絵本化したのが「鬼かけっこ物語」である。

３　禹王五徳五讃

［1］治水の神・禹王について

禹王は今から約４０００年ほど前、中国の夏王朝をつくった人である。当時氾濫する黄河の治水に成功し、治水の神として崇められた。日本にも伝わり、古事記をはじめ多くの史書に記述が残されている。

○禹王はどのような人だったのか

1. 禹惜寸陰、禹は吾れ間然することなし、飲食を菲（うす）くして、孝を致す
2. 雨の日も風の日も山から山、川から川へ歩いて回り多くの体験を重ねた。禹穴、天下の名山・大川の勝概も探った。
3. 各地で多くの神から知恵を授かった。竜門山で伏羲から八卦（自然現象の道理・知恵）と測量の術を学んだ。「大章」と「堅亥」に46万7千里測量させた。
4. 禹拝昌言。道理に当れる言を拝した。
5. 禹立諫鼓。鼓を朝廷に立て、将に諫めんとす者に之を打たしめた。
6. 禹過家門不敢入。禹は自宅の前を過ぎても家には立寄らなかった。
7. 禹歩。治水事業に寝食を忘れて邁進し、過労により足が不自由になり、引きずるような歩き方になってしまった。身体偏枯にして、手足は胼胝（ひびあかぎれ）、半身不随。
8. 偊偊。独行する貌は躬を曲る、せぐくまりて歩む貌となった。
9. 齲。歯は虫歯となった。
10. 脛の毛を抜く。治水で泥の中を這いまわったため脛の毛はみな抜けてしまった
11. 地平天成という理想の世界を構築した人。地平天成は平成の元号の由来である。

〔2〕陰陽説は伏義が作り、五行説は禹が作った
「陰陽説」はもともと中国の神話の王・伏義が作り、「五行説」は夏王朝の聖王・禹が作ったと言われている。禹の治世の時に洛水から這い上がって来た一匹の亀の甲羅に書かれた文様から五という数を悟り国を治めるのに五つの基本原理を思いついたという。「水は土地を潤おし、穀物を養い、集まって川となって流れ、海に入って鹹となる。火は上に燃え上がり焦げて苦くなる。木は曲がったものでも真っ直ぐなものもありその実は酸っぱい。金は形を変えて刀や鍬となり、味は辛い。土は種を実らせ、その実は甘い。」禹はこのように「木火土金水」と五つの『味』、五行五味の調和を政治の原理に聖王となった。

〔2〕日本の禹王遺跡

○日本においても治水は国家の最重要施策として八岐大蛇退治伝説、仁徳天皇の茨田の堤伝説などに伝えられている

○日本においても治水事業は非常に難事業であった。治水の神・禹王の知恵と精神にあやかりたいと多くの禹王の石碑が全国に建立された。現在約１００の禹王遺蹟が調査確認されるに至っている。

［3］第6回禹王サミットin富士川

禹王の石碑から多くのことを学ぼうと禹王研究会が組織され有名で意義が大きい禹王の石碑のある所で禹王サミットがこれまで6回実施されてきた。

平成29年（2017）10月7日山梨県富士川町ますほ文化ホールで第6回禹王サミットが禹ノ瀬開削30周年を記念して開催された。その折、竹林が「禹ノ瀬と禹王と信玄」と題して基調講演を行った。それに合わせて禹王・五徳・五讃をつくった。

禹王・五徳・五讃

一、人の世の為、自己犠牲
偏枯にして。身体は半身不随
これ禹王の仁義・徳の証なり

二、天の理・人の知恵を求め
苦節十余年・家門を過ぎること三度
これ禹王の礼・徳の証なり

三、柔弱にして百を求めず・水の性に逆らわず
右に曲尺・左にコンパス。率先治水

これ禹王の智・徳の証なり
四、権力に迎合せず。地位を求めず
正言を拝し、諫鼓を鳴らす
これ禹王の忠信・徳の証なり
五、治水の神・禹王の思い
地平にして、天成る。禅譲やむなし
これ禹王の孝悌・徳の証なり

4　田上山五訓について

勢多川・宇治川の流れは地表を刻して流れている。地表は地震活動、火山活動、褶曲、沈下隆起等々の大地の営みの他、豪雨等の大気現象による風化等々によってできたものである。地表の下にある地質は千変万化し、宇宙ロケットが正確に飛ばせるまでになった科学技術の進歩をもってしても、地表の少し下の地質は正確には到底把握しきれていない。

これまでの地震学、地質学等、地球の科学が解き明かした、勢多川・宇治川の大地はどのようなものなのだろうか。琵琶湖はロシアのバイカル湖、アメリカのヴィクトリア湖と共に世界的に有名な古代湖の一つです。400万年前、現在の三重県の大山田村で生まれ、現在の地まで数十キロメートル北北西に移動してきたと考えられている。その琵琶湖の西岸は比良山脈が傾動地塊で琵琶湖側に一直線の急傾斜面を形成している。この直線地形は日本有数の活断層、花折断層であり、天ヶ瀬ダムの右岸側に京大防災研究所の地殻変動観測所があり、微少変動のデータを永年観測してきている。太閤秀吉の伏見城が倒壊した慶長伏見地震もこの断層系の活動とみなされている。

湖南地方は深成岩の花崗岩がじっくり時間をかけて上昇してきた所で、その結果、日本でも有数の巨晶花崗岩の産地となっている。田上山の砂防工事で巨大な晶洞や巨晶の鉱石が多く産出し、それが田上鉱物博物館に展示されていた。鉱物採集家 中沢さんの個人的研究の成果であり、フランスのパリで開催された万国博覧会にも展示される等、世界的にも貴重なものである。

さらに、鉱石の研究家木内石亭の石碑や、日本の近代地質学の祖、ナウマンの研究フィールドであった。そこには巨晶花崗岩と共に極めて純度の高い平津長石が産出されている。清水焼や信楽焼の陶器も平津長石の上薬が大きな貢献をしているものと考えられる。又、瀬田川の河床や宇治川の河床は日本有数の銘石の産地としても有名である。現在はいずれも採取禁止になっているが、瀬田川の蛙石、宇治川の亀石はそれらの名残でもあるのだろうか。

木内石亭（1724～1808）とナウマン（1886～1951）

木内石亭は享保2年（1724）大津市坂本で出生し、幼名は幾六、その後重暁（しげさと）、後に木内石亭と名乗った。趣味は11歳から始めた「石集め」で、29歳から65歳まで全国各地の鉱物・銘石調査に明け暮れた。85歳でなくなるまで「石よりほかに楽しみなし」の言葉通り、終生石を愛し、日本の愛石趣味のキーパーソンで『石の長者』と呼ばれた。石亭の最も大切なフィールドが田上山で、代表的著作は『雲根志』である。

『雲根志』光彩類に『頗（はり）黎』に「水晶によく似て、六角ならず。清浄明白に透徹す。近江国田上羽栗山で稀にあり。」とトパーズの事が記されている。田上山のトパーズは明治6年（1873）県令籠手田安定が検分の際に拾った美しい透明な石を東京大学理学部のナウマン博士と和田維四郎博士の元に鑑定に持ち込まれた。ナウマンは「ナウマンゾウ」や「フォッサマグナ」の発見命名者で東京大学の初代の地質学者である。その後田上山の鉱物調査をもとに日本で最初の多面体結晶鉱物の研究を行い、その最終標本は大英博物館に収められている。和田維四郎（東大教授）の鑑定で「此の鉱石は我が国に産する結晶鉱物中最も貴重なもの」と評された。田上山で採集された鉱石は41種もあり、田上山は宝の山なのである。

木内石亭

伽藍山公園
木内石亭の碑

宇治川・瀬田川流域は日本で有名な巨晶花崗岩地帯である。花崗岩とは大地の地下深くで岩石となったもので深成岩ともいい、長石と雲母と石英の結晶が地下深部で形成され三つの鉱物の集合した岩石である。巨晶花崗岩は花崗岩の中でも特に長い時間をかけて出来てきたもので、巨大な結晶や貴重な鉱物ができる特徴があり、平津長石は極めて純度の高い長石である。

瀬田川を挟んだ田上山と平津の岩石は、共に地下深部で非常に時間をかけて形成されてできた。日本三大ペグマタイト（巨晶花崗岩）の産地である。

日本三大ペグマタイト

○福島県石川町および水晶山一帯。珪石鉱床。戦時中放射性元素の試掘。

○岐阜県苗木地方及び長野県木曽田立。錫および希元素鉱物の漂砂鉱床。

○滋賀県田上山。明治期にトパーズを大量に欧米へ持ち出された。

湘南アルプスの麓で石の輝きに触れる

琵琶湖の南部に連なる田上山【標高400~600メートルの太神（たなかみ）山、笹間（ささま）岳、国見（くにみ）山などからなる山地の総称】は、古来多くの木を平城京の造営などの用材に伐採したために禿げ山になったとされ、花崗岩が露出した独特の景観を持っている。足場がよいことから、戦後は「湘南アルプス」の名でハイカーらに親しまれてきた。その登山コースの入り口の手前に、林に囲まれた鉱物専門の博物館がある。事前に連絡を受けた場合のみ開館しているので注意が必要である。

田上山は明治期から花崗岩鉱山の産地として、日本で岐阜県恵那地方、福島県石川地方とともに三大産地の1つに数えられた。もともと、水晶は飾り玉にするなどして産物となっていたが、トパーズは加工には向かないために放置されている状態だったという。これに目をつけたのは来日した外国人宝石商である。地元の人々を雇って拾わせ、海外に持ち出されたトパーズは明治年間に700キログラムに及んだ。

瀬田川の名石

虎石（縞模様）眞黒石（蟹眞黒石、梨地眞黒）梨地石、茶石、白虎石、黒虎石、水石として、愛石家にとって垂涎の的である。相当に高価な値段で取引され、現在は採取禁止されている。

田上山は大津市の南にあり、あまり高くもない山並で湖南アルプスとも称されてきたハイキングコースの山並である。

田上山を語る時忘れてはならないのが、琵琶湖の存在とそこから流れ出る瀬田川であろう。その瀬田川に合流する大戸川は、昔から「水七合に砂三合」のたとえ通り、大量の土砂を運び、水の流れが悪くなると、湖岸の村々のこの地、高き文化の源泉ともいえる田畑に水込み、浸水する。

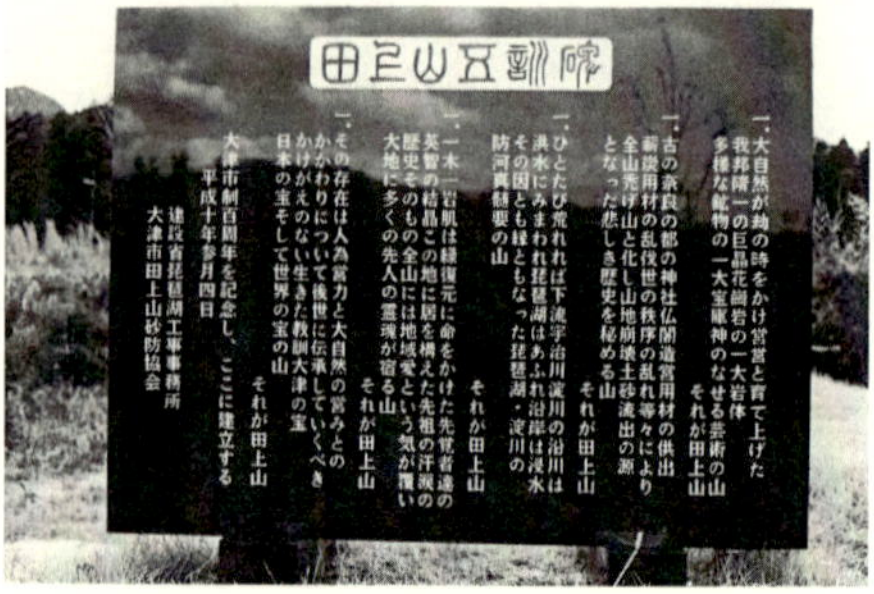

すなわち、瀬田川は別の見方をすれば、川浚えの歴史であるともいえる。

田上山は、古代よりその山々から産出する豊富な良材が注目されており、7世紀末の藤原京造営をはじめ、瀬田川を流して大和の国へ運ばれ「田上材」として重用されていたことが万葉集などにも見られる。このような良材の産出が、今日の田上山

田上山五訓

一、大自然が劫の時をかけ営営と育てあげた
我邦随一の巨晶花崗岩の一大岩体
多様な鉱物の一大宝庫神のなせる芸術の山
それが田上山

一、古の奈良の都の神社仏閣造営用材の供出
薪炭用材の乱伐世の秩序の乱れ等々により
全山禿げ山と化し山地崩壊土砂流出の源
となった悲しき歴史を秘める山
それが田上山

一、ひとたび荒れれば下流宇治川淀川の沿川は
洪水にみまわれ琵琶湖はあふれ沿岸は浸水
その因とも縁ともなった琵琶湖・淀川の
防河真髄要の山
それが田上山

一、一木一岩肌は緑復元に命をかけた先覚者達の
英智の結晶この地に居を構えた先祖の汗涙の
歴史そのもの全山には地域愛という気が覆い
大地に多くの先人の霊魂が宿る山
それが田上山

一、その存在は人為営力と大自然の営みとの
かかわりについて後世に伝承していくべき
かけがえのない生きた教訓大津の宝
日本の宝そして世界の宝
それが田上山

荒廃の一因となったともいわれている。

このように、荒廃した田上山は、今日に至るまで長くてたゆみのない山腹砂防の歩みを生みだし、緑化にかける先人たちの壮大な物語が次々と生まれていった。

花崗岩の山である田上山に緑を取り戻すことは非常に困難だったが、各時代の人々の英知によって、様々な砂防・緑化工法が編み出され、改良されていった。

それらを踏まえて田上山五訓をつくった。

この田上山は淀川水系の治水の理解のために非常に重要な山なのである。田上山を端的に理解してもらうために田上山五訓をつくった。１９９８年大津市制１００周年記念に田上山砂防協会により山麓の天神川の河川公園に碑が建立された。

5　森吉山五賛と諸美五徳

秋田県北部の米代川の一大支川阿仁川の水源の山が森吉山である。森吉山のことを調べ森吉山のことを知れば知る程、森吉山を畏敬することとなる。森吉山の地元北秋田市（旧森吉町・旧阿仁町）の方もその素晴らしさに気が付いていない。ましてや秋田県の多くの方も名前は知っているがその素晴らしさ、奥の深さを知らなさすぎる。森吉山五賛をつくってみた。

森吉山で最も重要な樹木がトドマツである。当地の人はトドマツのことをモロビといっている。

漢字をあてれば「諸美」である。モロビ・諸美とは、なんて素敵な命名なのだろう。「諸美五徳」をつくってみた。

森吉山五賛

一、森の妖精　エフェメラル　本邦随一生物の楽園
　諸々全て　美しい山
　　それが森吉山なり

一、容姿端麗　アスピーテ　天下無双
　月山に勝るとも劣らぬ　諸美の景
　　それが森吉山なり

一、山水奇勝を刻み　二麗湖を育み　羽後の象徴
　その名も秋田山　諸美の勝
　　それが森吉山なり

一、信仰の山岳以上の　深き歴史と文化
　諸美の不思議　ひめたる山
　　それが森吉山なり

一、往古の大湖水の生まれ変わりし大地創生物語
　四通八達の水の源　諸美の由来　ひめたる山
　　それが森吉山なり

諸美五徳

一、もろもろ　すべてが美しい
　字義佳し　響き佳し
　　それが　諸美の意なり

一、天まで　とどけ　思いの結実の
　大樹　森吉のとどまつ
　　それが　諸美の樹なり

一、容姿端麗　アスピーテ　天下無双
　月山にも勝るとも劣らぬ
　　それが　諸美の山なり

一、ロマンに満ちた陸奥の壮大な
　湖水誕生物語の主
　　それが　諸美姫なり。

一、羽後米代川　最大の守護
　往古の大湖水の生まれ変わりし
　水面
　　それが　諸美姫湖なり。

6　早池峰五訓

岩手県には三名山がある。岩手富士と称される岩手山、早池峰神楽他多くの民俗伝承の山・早池峰山、それに姫神山である。早池峰山を水源とする大迫川は白髪伝説の山でもある。東北一の大河・北上川の大洪水は白髪水といわれ過去いくたびも下流の村々・人々を襲い恐れられてきた。

早池峰五訓をつくってみた。

早池峰の地元大迫町の人々と、大迫町以外の人々の大迫町の数々の風土の宝（資産）についてのイメージ構造をアンケート調査しましたところ四つのローカルアイデンティティの分析が出来ます。

要するに関係づけて頭に入っているか、入ってないかということである。これがオープン・ローカル・アイデンティティ、両方とも一致している。ものすごく小さい。両方とも知らないと言っている。そんなもの考えてない、言われてからああそうかというようなものである。これが何かといったら、大迫の人はよくわかっているけれども、他の地域の人はさっぱりわからない。これは盲点である。一般の人々は把握しているけれども、地域の人はわかっていない、これはなしである。全国でこんなに顕著に出てくるところははじめてである。ということは、この地域のよさを外の人は何にもわかっていないということである。

早池峰権現「あづまね太郎」物語

大迫の語源は、山に挟まれた土地「大挾間」ともいわれています。この地には、霊峰であり、連山の主峰である早池峰山を中心として、山頂が鶏冠のような鶏頭山、それに、早池峰の山並に対峙する薬師岳などの名山があります。これらの山は、高山植物の宝庫であるとともに、清らかな水の源となる山々でもあります。

また、大迫には「八の太郎」と早池峰の古名と同じ名を持つ「東根（あづまね）太郎」の巨人伝説が伝わっています。これらはいずれも大迫の大自然の成り立ちの物語です。さらに、「三人姉妹伝説」、「機織り姫の伝説」、「白髭水伝説」など、この地の風土が育んできた豊かな伝説が数多くあります。

早池峰権現「あづまね太郎」物語は、当地方に残るこれらの伝説をベースとして、地域の素晴らしい自然を題材として創作したものです。

この物語が地域の人々に広く親しまれるとともに、早池峰ダムによって誕生した湖水が大迫の地に豊かな恵みをもたらすことを願ってやみません。

もう一つ、地域の人は、存在を何かで関係づけて頭に入れているものがこれである。この地域に何十年居る人もあまり評価しない、頭の中の構造が関連づけて考えていない、そういうものは

風土資産四窓分析

地域のほこりとなる個性	地域住民存在・概要を把握している	地域住民存在・概要を把握していない
一般の人々存在・概要を把握している	Ⅰ．解放 ①早池峰山に早池峰神社がある ②早池峰山にﾊﾔﾁﾈｳｽﾕｷｿｳが咲く ③早池峰山の隣に薬師岳がある ④大迫町にはいくつもの縄文遺跡がある	Ⅱ．盲点 なし
一般の人々存在・概要を把握していない	Ⅲ．隠蔽 ①早池峰山はワインの里大迫にある ②妙泉寺と早池峰神社 ③早池峰神楽 ④山岳博物館 ⑤早池峰ﾀﾞﾑが早池峰山の麓にある ⑥稗貫川は早池峰山を源としている ⑦七折の滝は早池峰山の峰つづきにある ⑧大迫では市やワイン祭が開催される ⑨飢饉により天保義民の碑、あんどん祭がある ⑩田中氏が早池峰開山し、後に早池峰神社が建立 ⑪薬師岳にもﾊﾔﾁﾈｳｽﾕｷｿｳが咲く ⑫三人姉妹の山争いで、長女が早池峰山の神となった ⑬どんぐりと山猫は早池峰山が舞台となっている ⑭嫁が淵、釜淵、葛坂は稗貫川にある ⑮笛吹きの滝は早池峰山麓にある ⑯安倍貞任は早池峰山に逃れた ⑰桂林寺近くに到岸寺がある ⑱岩神観音は亀ヶ森地区にある	Ⅳ．潜在 ①安倍氏を追ってきたのは源氏である ②八郎太郎が早池峰ﾀﾞﾑの場所に湖を作ろうとした ③七折の滝、笛吹きの滝は稗貫川に流れ込む ④どんぐりと山猫には笛吹きの滝が登場する ⑤安倍貞任は妙泉寺～早池峰山～七折の滝に身を投げた ⑥早池峰ﾀﾞﾑは稗貫川にできる ⑦銭座では、大迫より釜が飛んでいった釜房の鉄を 使った ⑧嫁ヶ淵の主は早池峰の神瀬織津姫と同じである ⑨白山神社の白山杉 ⑩大迫銭座跡は他の縄文遺跡同様大迫の遺跡である ⑪縄文館は山岳博物館同様、大迫の歴史・文化を伝える ⑫貞治の碑は大迫氏・亀ヶ森氏時代の混乱を示す ⑬南部たばこはワインと同様大迫町の特産品であった ⑭田中神社が早池峰神楽の発祥である ⑮岩神観音や早池峰山は巨石信仰と伝えられる ⑯大迫氏と亀ヶ森氏は稗貫氏の配下である

どうしたらいいのか。地域の人が、あそこにあるのは猫山の八つの石、あれは何を意味しているのかということを頭の中に入れてもらわなければならない。猫山は、地元の人はあまり評価していないけれども、どうもすばらしいものらしい、ということを評価する。クローズド・ローカルアイデンティティの分布は、地域の人が、すばらしいということを他の地域の人に教えなければならない。

4つのローカル・アイデンティティの構造とは何か、地域おこしするときのアクションプランが決まるということである。何をやったらいいか、自分たちは一生懸命地域おこしでいいことをやっているつもりだけれども、評価してもらえない。

基本コンセプトの創出・風土工学の分析

そこで今のものから6つのローカル・アイデンティティ、いまの構造図を見ると明解である。地域の人の構造図はみんな早池峰山であり、大迫もない。大迫のワインも大切であるが、全然意味構造が違う。全部早池峰の概念の大きな傘下の中。感じではわかっていると思うけれども、それが明解に数字で出てくる。八郎太郎伝説とか、義経の伝説などと関係づけて入っていないようである。

そこでこの情報からどうアクションプランしたらいいか、要するに地域以外の人にこれをわかってもらう。いまのアクションプランとクラスターを全部関係づけると、早池峰山の地形、地物、歴史、民話・伝説、いっぱい語りかけるすばらしいものを全部集約する物語化することである。意味空間をつくるのである。

ということで、このダム湖の周辺のコンセプトをどうしたらいいか、これを言葉に表すのである。たまたま早池峰ダムは「霊峰早池峰の麓に築く夢空間」というコンセプトでこれまでいろいろやってきている。まさにそれにより「霊峰の早池峰の麓に築く夢空間　早池峰権現が大迫の郷を守り、夢、未来を開く湖水の誕生」物語ができる。それで今ばらばらになっているイメージをみんながわかる意味空間につくっていけばいいのである。

早池峰五訓の創出

いまのコンセプトを6つのローカル・アイデンティティにブレークダウンする。そのうちの一つが「早池峰五訓」である。早池峰山はこういう見方をしてほしいのだということを、いまの分析から関係づける。

早池峰ダム整備デザイン基本コンセプト

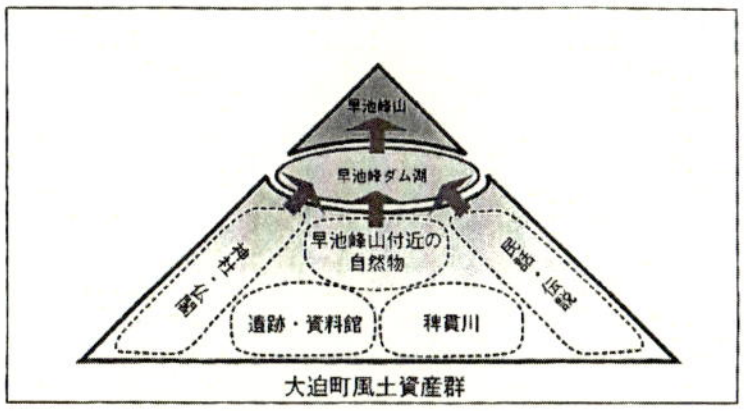

早池峰ダム命名基本コンセプト
霊峰早池峰の麓に築く夢空間 ー早池峰権現が大迫の郷を守り、 夢、未来を開く湖水の誕生ー

ローカルアイデンティティ六構造分析

ローカルアイデンティティの構造	大迫町ローカルアイデンティティの六構造
地域風土の現状についての認識	・北上川沿川で農で生きる民、大きな北上山地に生きる山の民、そしてはるか三陸海岸の海の民それぞれに深い信仰心を集めし山 ・特殊生態系が残りし遺産の山
未来の地域風土についての想定と予測	・信仰の山として、めずらしい高山植物の地として、登山の山として、様々な分野で神聖な地となる
未来の地域風土の可能性についての予測と確信	・大湖水誕生により風水的に素晴らしい土地となる ・大迫町民が夢見た岳南渓が再び現世に現れる ・早池峰山と大迫町をより密接につなぐ
地域風土の歴史的事実についての認識	・北上山一の巨大な山塊にしてかつ最古二億年の自然の歴史がつくりし山 ・本州で唯一氷河時代のおとし子 ・修験霊山のきびしき中に薬師、阿弥陀、観音の三山物語
他の地の者が思っていると思う地域風土像	水源とせし山の麓にそれぞれ我が国を代表する神楽等を産み育てし山 ・巨岩、奇岩が氷河期の爪痕を語り、足元の野草がほほえみ、涼風が頬をなでる登山の山 ・伝説や物語が伝わり、また、新たに創造される山
志向的理想的風土像	・霊峰早池峰の麓に築く夢空間 ・早池峰の自然と風土を持ち合わせた湖の誕生

早池峰山五訓

早池峰五徳物語

一、萬劫の天地の営みにより生まれし最古の山塊にして
北上山地の並ぶものなき主峰
それが早池峰山なり

一、本州にまたとなき氷河時代の名残り
高嶺の草ぐさに往時をとどめし貴重生態の山
それが早池峰山なり

一、北上の山の民、農の民、はるか三陸の海の民
それぞれに豊穣を求め畏敬の念を寄す安寧の山
それが早池峰山なり

一、水と緑あふるる山ふところのあちこちに
深遠かつ希なる民俗をはぐくみ伝ふ文化の満つる山
それが早池峰山なり

一、北上の霊峰登拝修験の極み
薬師、阿弥陀、観音の三山物語を秘めし慈悲深き山
それが早池峰山なり

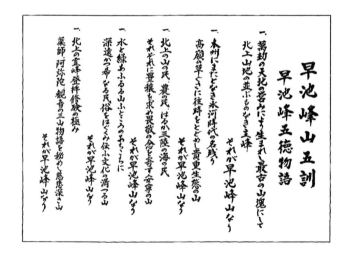

第三部　土木の心を肝に銘じて

1　土木の心を肝に銘じて

私は長年河川ダム砂防等の公共事業に従事してきた。近年ダムは環境破壊の元凶だとマスコミより日々洗脳を受けている学生などはダムはどう思いますかと聞けば実際に見たことが無くても瞬間にムダなもの・環境破壊と反射的に返って来る。

「堰堤づくり五訓」「ゲート五訓」更には「岩盤破壊対応五訓」をつくってみた。実際に岩盤破壊に遭遇すればしみじみ初期対応の重要性に気付く。

2　土工事とは何か、土工五訓

土木と土工事

人口爆発と生活の場の拡大

人類は、生存と生活の場を地圏と気圏の境界である地表面から、大気圏へ、地圏内部へ、水圏へ、生物圏へと拡大を図ってきた。しかし、人類はしょせん重力に逆らって二本足で立ち、地圏と気圏の境界をはいまわって生きていくことから抜け出せるものではない。そして、はいまわりつつ種の存続と繁栄を図ってきた。

いま人類は、限られた地表面しか持たぬ地球号に乗って、まさに爆発という表現が素直になじむほど急激に人口を増加させている。

それとともに、居住空間をものすごい勢いで拡大させてきた。原野を開拓し、浅海を埋め立て、高層ビル化を進めるなど、居住空間拡大への努力はすさまじいものがある。

いまや、その住居空間拡大への努力は、地圏と気圏の境界からつぎのステップへと飛躍すべき時期にきており、また、それへの壮大な挑戦が行われている。

① 一つ目はスペースフロント、すなわち大気圏への拡大への挑戦である。スペースシャトルの打上げに始まる宇宙都市建設へ着実な技術の蓄積が行われている。

② 二つ目はジオフロント、すなわち、地圏への拡大への挑戦である。大東京の地下鉄は何層にもクロスし、今や地下深所約数十メートルを網の目のように張り巡らしている。大深度地下空間利用が次世代の大きな課題になっていることは間違いない。

③ 三つ目はアクアフロント、すなわち水圏への拡大の挑戦となった関西国際空港は511haにわたり海底平均水深約18メートルのところを海を埋め立ててつくられた。これからは、さらに深い海がターゲットになっている。それらに対し浮体工法等いろいろ実現に向けて具体案の検討が進められてきている。水中都市建設も次の次のステップでは間違いなくターゲットになってくるであろう。

④ 四つ目はエコフロント、すなわち生物圏への拡大の挑戦である。人体の胃袋の中には何百万という菌類が生存している。それらの菌類にとってわれわれの身体は大宇宙そのもの

である。われわれ人類も地球号という生き物と見なせるものの表面に繁茂しているカビのようなものである。

人類の生存ということは多重エコシステムの一つでしかない。一層の中で他の生態系との間で融通無碍なるエコシステムを構成している。遺伝子の組替えを始め、バイオテクノロジーの発展は目をみはるものがある。これらの技術により人類に役立てようとすることは人類が生物圏への生存空間の拡大への挑戦と見ることができる。エコフロントへの拡大への挑戦である。

以上をまとめたものを表に示す。

人類はもともと海で誕生し、魚類をへて、さらに両生類をへて、陸へ上がってきたという。以上見てきたように気圏、地圏、水圏、生物圏への拡大への壮絶なる挑戦はあるものの、やはり陸上に上がり、地圏と大気圏との境界をはいまわり、その存在と生活活動をすることを基本としなければならない。その地圏と大気圏との境界、地表面の改変・改造が土木と土工事の舞台であ

人類生活の場の拡大

大気圏	**スペースシャトル　スペースフロント**
地圏	**大深度地下　ジオフロント**
水圏	**水中都市，海上都市，浮体工法，アクアフロント**
生物圏	**人体の中に生物　地球という生態系　エコフロント**

り、取り扱う対象である。

利便・安全国土の場づくり（環境と風土づくり）としての土木

人類は大気圏と地圏との境界をその存在と生活の場の中心として、繁栄へのあくなき要素を満たす活動を続けてきている。

（1）人間の欲望

人類はその繁栄に向けての場として、利便国土・安心国土づくりのため、人間の持つあらゆる機能を動員して、あくなき活動を行ってきた。生物の種として人間の持つ能力とは、目でものを視認する視力、耳で音を聞き分ける聴力、口で言葉を発し伝える能力、手足で動き回り、物をつくり出す能力、そして何よりも考え判断する脳の働きがある。

人間の能力には限界がある。いくら視力が素晴らしくても何キロメートルもの先の物を認知する能力はない。1キロメートル先の人の言葉も聞き取れない。ましてや空を飛ぶ能力も海底深く潜る能力も持ち合わせていない。したがって、いくら人間が種々の欲望を持ったところで、それらを実現するには、もともと人間の持つ能力機能からは限界があった。

しかし、人間の脳が持つ考える能力は、人間の持つ機能の補助、拡大に成功してきた。すなわち、目や耳などの感受器官の延長として、地球の裏側の出来事をリアルタイムで感知できるテレビを発明したし、口で伝える機能も、電話や視覚機能も有するテレビ会議ができるようになってきた。手足の機能の拡大として、人間の走る機能の何百倍もの自動車や鉄道をつくり出してきた。さらに、手足の機能では、不可能だった空を飛ぶ夢を飛行機は可能にし、ましてや人工衛星は宇宙まで行くことを可能にした。

それらほど華々しいものではないが、実は建設機械の発展もすさまじいものがある。人類の生存と生活の場の拡大として地圏と気圏の境界の地表面の改造については、建設機械の発展を考えずして語れない。このような人間の持つ機能の拡大へのあくなき欲望を、次から次へと叶えてきた最大の力は、人間の脳の機能の拡大であることを忘れてはならない。

人間の脳の機能の拡大としてのコンピュータや人工知能技術の発展が、それらをさらに拡大再生産することを可能としてきたと見ることができる

（2）利便国土形成を求めて

利便国土形成に向けて人類の欲望は果てしないように見える。江戸時代、江戸と京都は東海道五十三次で十数日の旅（最も早い飛脚で6日）であった。明治維新以降、急速な文明化とともに、「汽笛一声新橋を」に始まる鉄道の歴史もすさまじいものがある。東京・大阪間を8時間で結ぶ「つばめ」、「はと」

人間の持つ機能の拡大

目…テレビ（同時放送） 耳…テレビ（同時放送） 口…国際電話	テレビ会議
手足…自動車，飛行機，人工衛星，建設機械	
脳…コンピュータ，人工知能（コンピュータがチェスの名人に勝つ）	

号から、3時間で結ぶ「ひかり」号、さらに、それをさらに短縮する「のぞみ号」や「リニアモーターカー」へととどまるところを知らないように見える。

わが国の近代化の先導車はかつては「鉄は国家なり」と言われたように製鉄から始まった。現在の経済大国への先導車の役割は、世界最長の青函トンネルをつくり、世界最大の夢、本四架橋をつくり、新幹線網や、高速道路網をつくってきた土木技術そのものである。これらの利便国土形成に向けての国づくりを可能にしてきたのが、建設機械を駆使し、地圏と気圏の境界、地表面を改造する土木であり、土工事システムである。

利便への欲望・三つの流れ

物流…世界の産物を日々享受
人流…世界観光旅行，国際会議の日常化
情報の流れ…インターネット

土木は大地を刻する彫刻家

(1) 大地に根ざす彫刻の五要素と水を治める三要素

土木工事は大地の表面ないし、表面にごく近い地中を整形することである。土木が対象とするものは、六大環境のうち直接的には地圏環境、水圏環境である。地下空間をつくること、気圏環境、ビオトープをつくることで、生物環境であると見ることもできる。

また、土木の新たな展開として風土工学があるが、風土工学の対象としているものは地圏、水圏、気圏、生物圏のほか、歴史文化環境、生活・活力源などである。しかし、ここでは土木工事が対象とするものは直接的な地圏環境と水圏環境に限定する。

土木施設は大地に何らかの意味で接続していなければならない。土木施設は将来宇宙ステーション等を対象とすることになれば別だが、空中や水中に存在することはできない。すなわち、土木施設は何らかの形で大地に接続していなければその存在はないのである。

土木工事とは大地に対して何らかの意味で整形を施すことである。そして大地に対しての様態とは、

①切る

②盛る

③抜く（掘る）

④刺す

⑤架ける

の五要素である。道路の土工事は基本的には切盛りバランスといえる。

土木工事が大地に何らかの意味で整形する水圏に対する様態は、

①溜める

②干す

③流す

大地の五要素と治水の三要素

大地	切　る：切土　掘削	治水	溜める：ダム
	盛　る：盛土		干す：干拓
	抜　く：トンネル　水抜き		流す：運河，河川，発電
	刺　す：杭		
	架ける：橋桁		

の三要素である。

（2）大地に刻す五要素

①切る（切土、掘削）：切るとは、大地の表面部分の一部を目的とする機能を実現するため除去することである。除去する手段としては、発破やトレンチ、削るなどであり、それらにより地表面の改変を行う。

②盛る（盛土）：盛るとは、大地の表面部分の一部を目的とする機能を実現するため補い足すことである。補い足す手段としては、運搬と盛立がある。それにより地表面の改変を行う。

③抜く、掘る（トンネル・水抜き）：地表面の改変を伴わない。立坑、トンネルの掘削等、地中空間を創出する作業、および土中の水分を抜く作業等がある。

④刺す（杭、アッカー）：土中の強度を補完するため、叩く、差し込む等の行為によって大地の性状を人間にとって望ましいものにつくりかえる。空間はつくらない。

⑤架ける（橋梁）：大地に根ざす橋脚や橋台から空中に架ける土木施設。

（3）水を治める三要素

①溜める（ダム）：水がない空間に堰堤をつくり、水を存在するようにする行為である。

②干す（干拓）：水が存在する空間に埋立等により水が存在しないようにする行為である。

③流す（運河、河川、発電）：水を利用しやすいように流れやすいようにしたり、流れを作っ

たりする行為である。

（4）五要素の複合としての土木

すべての工種の土木工事は、地圏の五要素と水圏の三要素の組合せ複合である。道路は、切る・盛るのバランスが基本であり、ダムは、切る、盛る、抜く、刺す等の行為の総合である。土木のあらゆる工種はこれらの五要素の複合ということが言える。

設計―大地を刻する―

（1）設計とは

設計について、橋梁を例にとってみよう。

まず、橋梁とは桁等上部構造物と橋脚あるいは橋台等の下部構造物よりなる。そして、上部構造物は水平方向に人や物の流れを可能にする機能を持たせるための構造物であり、下部構造物は上部構造物を大地へ垂直荷重として伝達させる機能を持たせるための構造物である。

大地へ力を伝達させる機能には、橋台、橋脚等の垂直荷重のもののほか、水平荷重で設計対象とするものには吊り橋のアンカーブロックがある。アンカーブロックはケーブルの引張力を地盤とコンクリートブロックの間の剪断摩擦力で抵抗するものである。

土木構造物の中で横方向の大地の剪断力で設計するものはコンクリートダムと吊り橋のアンカーブロックぐらいのものである。地球の表面は垂直方向に力は伝達しやすいが、水平方向には大変弱いのである。地表には風化層が大なり小なりあり非常にすべりやすい。地表面に対し垂直方向に押すことにより力は簡単に伝えることができるが、水平方向にはすべってしまって力は伝えにくい。

ここでは水平方向に力を伝えるアンカーブロックではなく、垂直方向に応力を伝えることを主とする橋台、橋脚を中心としてみていくことにしたい。

橋梁の設計とは上部工と下部工相互に大きく関係しながら設計される。例えば、上部構造物でどこまで長大スパンのものができるかという点と下部構造物で海底下どこまで深いところに巨大な橋脚を設計できるかという視点をどう組み合わせるかという問題になるからである。

これはすべての橋梁の設計に関係してくる問題である。上部工で無理をすれば下部工の設計は大変楽である。最も良い橋梁の設計とは、上部工と下部工の設計のバランスの良いものであり、視点を変えれば最も経済的な設計になっているということでもあろう。

もちろん、その時代ごとの使用する材料である鉄等の性能の向上や、人力や機械力という施工法の向上、すなわち、人の知恵の結実の度合いというものにも大きく左右されることは確かである。

（2）天下り設計と地上り設計（大地に根ざす）

従来から設計の流れには、上部工を中心として下部工を設計する考え方、および下部工を中心として上部工を設計する考え方の2つの流れがあるようである。これは大地に根ざす土木構造物を設計するときの考え方としては一見同じように見えるが、まったく異なる2つのアプローチによるもので、前者を「天下り設計」、後者を「地上り設計」と名付けられる。

「天下り設計」とは、高架橋の上部構造の設計がまずあり、その上部構造を支持する橋脚を設計しようとする考え方である。新幹線の高架橋でよく見られる等間隔で橋脚が並んでいる状態等はその典型である。また、上部工を支持できる支持層まで杭等を下げていく、すなわち、支持層が深い場合、杭の周囲の摩擦力で支持できる長さの杭を設計しようとするのも同じ考え方である。極端な言い方をすれば、基礎の橋脚等の設置位置の自由度はない。その与件された位置でボーリングをし、たとえば、砂層と砂利層あるいは泥質層の互層の中で上部の構造物を支持可能な深度のところまで杭あるいは基礎を設計しようとする考えである。

一方、「地上り設計論」とは、ダムサイトにおけるダムの座標取りがその典型である。ダム軸を決めるダムの座取りという方法は想定されているダムサイト近傍の地質図を精査し、ダム堤体を岩着させることができそうな堅岩コンターマップを作成し、ダム堤体が最も合理的に経済的に設計できるであろうと想定されるダム軸を複数設定し、その設計の利害得失を検討しながらダム軸を決定していこうという設計論である。すなわち、ダムサイトやダムの座取りやダムの構造型式、すなわち、ダムタイプは、ボーリングや物理探査の結果、得られる信頼に足る堅岩コンターマップができてから検討される。極端な事例では地形条件から最も有利と考えられた最初の予備調査地点から何キロメートルも離れたところが最も最適なダムサイトという場合も多くある。

ダムは基本的に沖積層および洪積層を避け、新第三紀層等より古い堅岩に岩着させたいとの考え方があることも確かである。すなわち、第四紀層を避け第三紀以前の岩盤に基礎を求めようとしても、そこは断層や変質、さらには風化等、構造物の基礎としては好ましくない要因が多数存在している。それらを調べあげたうえで、一番難が少なく大地になじむところに基礎を置き、その上に人工の構造物を設計しようとするものである。

また、道路や鉄道など、線的土木構造物ではルートを社会的諸事情で変更できない場合においても、そのルート線上で橋脚の位置を若干ずらす等により、大地からの条件の最も有利な橋脚位置を選定することができる。

ただ、土木構造物の設計とは上部工と下部工のトータルとしての合理性の追求であるという点に決して異論をはさむつもりはない。

（3）活断層と土木施設の設計

日本は島国であり，その80パーセントが山岳部であり、その残りわずか約20パーセントの平地にそのほとんどの人が居を構え、経済活動をしている。その平地もほとんどが河川の沖積地や埋立地等である。日本列島はフィリピンプレートと太平洋プレートがユーラシアプレートの下に沈みこんでいるところに位置している関係上、世界でも有数の地震地帯であり、火山地帯に位置しており、地層単元がきわめて変化に富んでいることでも知られている。

地表の沖積層の下は断層があり、地質の変化がきわめて大きい。それらの上に風呂敷をかぶせているだけであると見ることもでき、風呂敷の下は千変万化であることをよく認識しておかなければならない。

一方、国土の約80パーセントの山岳部もその骨格はグリーンタフ造山運動に形成されたものに加え、第四期になってからの火山や隆起沈降より形成されている。

日本の活断層研究の先覚者である藤田和夫大阪市大名誉教授は、日本の地形地質を「日本列島砂山論」と称している。すなわち、

①かつての地震等による地殻変動の傷跡である断層だらけの地形で構成され、一層がきわめて小さい火山活動の何層にも折り重なった跡

②高温多雨地帯がつくった深層風化の花崗岩地帯

③毎年、センチメートルのオーダーで隆起し、それに見合うだけの侵食を繰り返して大変な土砂生産量を誇る中部山岳地帯

といった日本の地形の特徴を一言でまとめている。

もちろん、現在では大型土木機械により山を切り崩

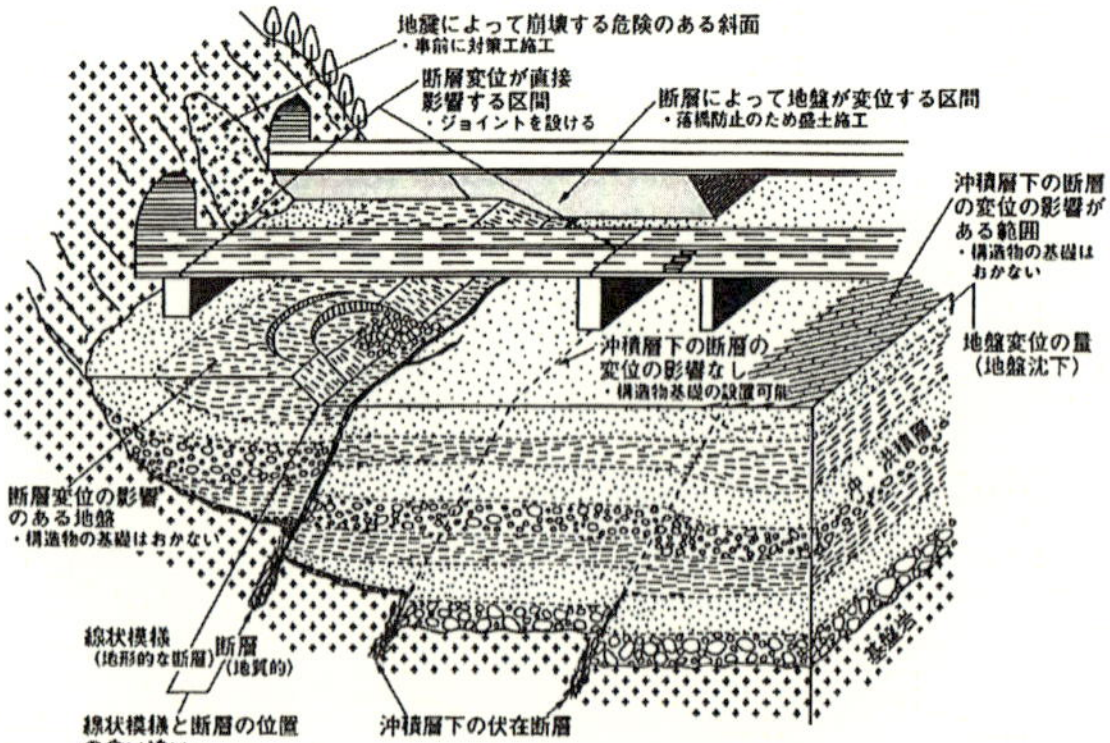

断層による変位と土木構造物
（作図：建設省土木研究所　脇坂文彦）

したり、新たに大きな山を盛り立てたりできるようにはなってきた。しかし、それらはしょせん、人間のなせる業であって、地球の大きな営みにはかなわない。そのシンボルが活断層や火山活動ではなかろうか。

土木技術がどのように発達しようとも、大地がずれるという活断層に抗しきれる土木構造物はできないであろう。

土工事を行うとき、活断層にどのように対処すれば良いのであろうか。それには活断層設計哲学として、「一、避け」、「二、平面」、「三、盛」、「四、軽」、「五、単純」、の順序が大切である。具体的にはどういうことかを次下に述べる。

(1) 避け＝避ける（Avoiding）

大地のずれに追随する土木施設の設計は不可能である。その存在が地盤調査で明らかになれば、土木構造物は活断層に載せないことが基本であり、望ましい。活断層の特性から、既往断層位置でずれる再現性があることが知られている。活断層は雁行状にずれ、新しい位置でずれることが考えられるが、その可能性ははるかに小さい。したがって、まず避けることである。避けることができるものは避けるに越したことがない。ダムでいうと、堤体そのものは基本的に載せないようダム軸を変更する。

(2) 平面＝平面設計

道路や鉄道等、線的土木施設の場合はどこかで活断層を横断しなければならない。したがって、活断層に対してきめ細かい設計対応などしていられないと短絡的に考える人がいるがそうではない。線的土木施設でどこかで活断層を横断することが、設計としては避けることができないときは、どうするか。その場合、基本的には平面交差で設計することが望まれる。例えば、大地がずれた場合、平面交差なら、まず被害は平面がずれるということだけで済むからである。盛土部分や切土部分ではさらに斜面の崩壊が伴うのである。また、平面交差で設計しておけば、被災後きわめて簡単に土工事で修復ができるからである。

(3) 盛＝盛土（セルフヒービングシステム）

道路の法線の前後との関係上、どうしても平面交差が無理な場合がある。その場合は盛土構造にすべきである。盛土構造なら、大地がずれても、セルフヒービング（自己修復）能力があり、簡単に修復できるからである。盛土がだめなら切土でもいたしかたない。切土部分がずれた場合にはもう一度切直しが必要となる。

(4) 軽＝軽量盛土＋擁壁

盛土はのり勾配を伴うので用地面積が広く必要である。都市部等で用地面積が確保できないときはどうするのか。その場合は軽量盛土と擁壁の組合せが考えられる。軽量盛土と擁壁ならダメージを最小限にして修復することができるということである。

(5) 単純＝単純桁

(1)から(4)までの設計がどうしても前後の法線から不可能の場合、どうしても橋梁型式となる。橋梁で活断層を跨ぐ場合、連続桁にせず単純桁で跨ぐということである。連続桁にすれば1か所のずれが前後のスパンにも影響し被害は大きくなる。したがって修復もそれだけ大変になるということである。活断層を橋梁で跨ぐ場合は単純桁が基本である。

施工―土工事とは大地との会話―

(1) 大地は生きている

「動かざること山の如し」と武田信玄の名文句がある。大地は動かないもののシンボルとして扱われているが、大地は動かないものであろうか。

それは活火山や活断層などの大地殻プレート運動に起因する。目に見える活動を除外すれば確かに大地は見た目には動かないもののように見える。一見して動いていないように見えるが、大地殻も実はプレート運動により毎年1~2センチメートルのオーダーで動いているのである。また、ソイレタンシーの理論によれば、標高の高いアルプス等も毎年着実に1~2センチメートルのオーダーで隆起しているという。また一方、反対にそれと同じオーダーで沈降しているところもあるという。しかし、これらはしょせん地球規模での現象であり、われわれが相手をする地球の表面では動いていないと見なしてよいのではと思われるかもしれない。私たちは土木工事の対象としてその大地の表面を何らかの意図を伴って改変するのである。そのスケールから見て大地は動かないものと見なせるのではないかと言われるかもしれない。

しかし、それは大きな間違いである。毎年、集中豪雨を伴い、各地で大規模な地すべり現象や山地崩壊が生起し、多くの被害を被っている。大地の斜面はいずれも重力場にあり、微妙なバランスで斜面が安定しているように見えるだけなのである。

人為の手が加えられていない自然地形においても、山地崩壊や地すべり現象は生じているのである。ましてや、人工による大規模な土工事をすると、そこは人為的に極端な表現かもしれないが不安定斜面をつくるということになる。

では、地すべりや山地崩壊という異常現象を別とすれば、大地は動かないものと見なしてもよいのでは、という声も出てきそうである。それも果たしてそうであろうか。

下図は非常に堅硬な岩盤に見える花崗岩体の中に横坑を掘り、そこに設置された伸縮計の記録である。数年間の記録によれば、伸縮計の熱膨張率は補正しても間違いなく季節により伸縮を繰り返している。まるで生きている生物が呼吸を繰り返しているように見える。岩盤の中の地下水が冬に凍り、膨張するから等、いくつかの要因が考えられる。大地は間違いなく生きているのである。

（2）土工事とは大地と人間の会話である

人工による大規模な土工事をするということは、人為的に不安定斜面をつくることである。人為的に上載荷重を除去すれば、下部の地質は応力解放され、持ち上がる記録が多く報告されている。時と場合によっては、上載荷重の除去による応力解放により、堅硬な岩盤が音を立てて破壊するロックバースト現象をも生起する。

JR上野駅では新幹線発着ホーム等の駅空間が地下深くにまで設置された関係で大きな揚圧力がかかり、浮上がり現象対策が構じられている。

大規模な土工事、すなわち生きている大地に刻するということは、施工中随時、その大地がどのように挙動するかよく観察しながら進めることがなによりも大切である。生きている人間を手術するとき、心電図や脈拍等をとりながら行うのは、様態の急変を事前にキャッチし、間違いない対応をとるためには不可欠である。

大規模な土工事をするということは、大地の微妙な挙動を正確に測定し、臨機の判断と処置をしつつ作業を進めるということがなによりも大切になってきた。

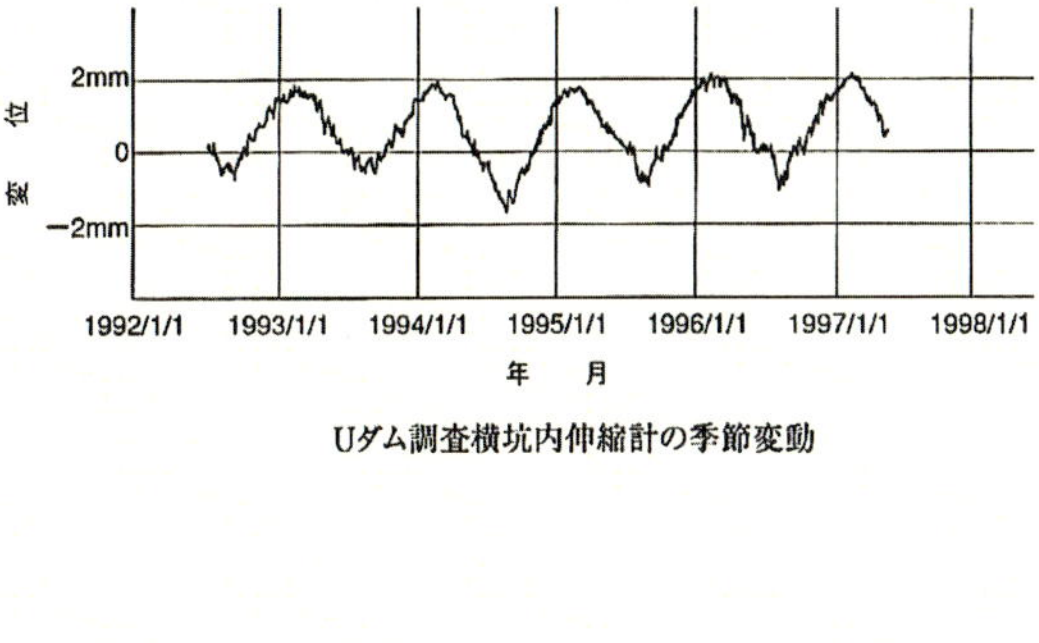

Uダム調査横坑内伸縮計の季節変動

昨今、土工機械の大型化に伴い、大規模な土工事をごく限られた工期で実施することができるようになってきたので、このような情報化施工の必要性と重要性はますます増大してきている。情報化施工とは、生きている大地に人間が刻するときの会話なのである。

情報化施工は大きく分けて次の四つに分類される。すなわち、土工事は「一、切」、「二、盛」、「三、抜き」、「四、刺し」である。

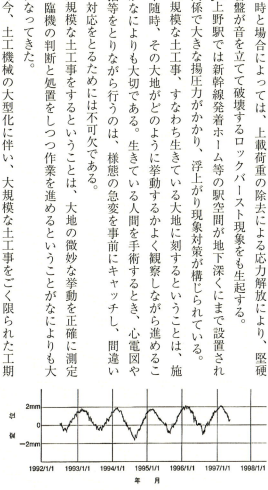

維持管理

（1）大地の安定対策工の心

大地の起伏は地球の重力作用により平滑化（平面化）しようとする性質がある。これが斜面崩壊や地すべり等である。地すべりはどうして生起するのであろうか。

大地の地すべりに対する安全率は、

安全率＝ドライビングフォース／レジスタンスフォース

分子が分母より大きくなれば滑動、斜面崩壊である。分母が分子よりも大きくなれば安定である。すなわち、安定化させるには、分子のドライビングフォースの減少等（切り、抜き）と、分母のレジスタンスフォースの増大策（盛、刺し）が考えられる。

（2）安定化対策工に必要なもの

大地の動きを鎮める安定化対策工に必要なものは、以下の4点であると考えられる（下表）。

安定化対策工の評価

安定対策工	営力		時間の経過		望まれる安定対策工の順位
	ドライビングフォース減少策	レジスタンスフォース増大策	安定化は増す	安定化は減少	
切り	○		○		(1)
盛		○	○		(2)
抜き	○			○	(3)
刺し		○		○	(4)

⑴　切り（切土）

地球の重力作用の場において低位の位置に土を移動させる切土という行為は「ドライビング

フォース（営力）の減少策」である。切りとは、地すべり減少の原因の元を取り除くことである。元がなくなれば地すべり現象は生じなくなる。

さらに、ドライビングフォースを減少させた切土後の状態は、時間の経過とともに安定化は増してくる。そのため望まれる安定対策工としての順位は１）となる。

(2)　盛（盛土）

「切り」、「盛」、ともに安定化後は時間の経緯とともにより安定度を増す方向の行為である。一方、後述の「抜き」、「刺し」は安定化対策工として「切り」、「盛」と同様に効果のある方法であるが、対策工事施工後、時間の経過とともに「抜き」は目づまり、「刺し」は劣化ということでその効果が減少する方向となる。

さらに、切りはドライビングフォースの根をなくすという能動の行為であるのに対し、盛はレジスタンスフォースの増大策であり、受け身の対策である。

したがって、盛土は望まれる安全対策工の順位としては「切り」より劣り、「抜き」、「刺し」より勝る方法ということである。順位は２）である。

(3)　抜き（水抜き工）

抜きとは、水抜き工等により地下水位を減少させることである。

不安定な山体を構成しているのは、固体としての土石と土石の間を充填している液体としての地下水である。そのうち地下水位を下げるということは土石の間隙の水が空気に置きかわる。そのため、水が空気に置きかわる分だけ山体が軽くなるのでドライビングフォースの減小策ということである。

ただし、時間の経緯とともにその効果が目づまりを生ずるため、効果は減少する方向にある。

(4) 刺し（杭工）

刺しとは、杭工等で抵抗して食い止めようとする工法、PS緊張工、岩盤PS工、鉄筋工、各種杭工等である。これらの工法は、大地の動き出そうとする能動のドライビングフォースの増大策に対し、受動のレジスタンスフォースの増強策である。地圏を大地から動かそうとする能動の原因を軽減する工法からすると、低位に位置づけられる工法ということである。また、これらは時間の経緯とともに錆等で劣化し、緊張力は弛んでくる等により、工法としては時間の経過とともに安定化を増す工法より下位に位置付けられる工法と言うことである。

土工事の定義

地表面は表土、土砂、礫、岩よりなる。地表面は起伏凹凸の性状をしている。

「土工事」とは「人類にとってより安全な国土、より利便な国土形成に向けての願望実現のため、人類社会にとってより都合のよい形状の地表面につくり変える人類のいとなみである」と定義されよう。

まさに、土工事とは人類にとって「形ある地表面」から「より望まれる形ある地表面」への人

土工五訓

一、八千種の土木工種の源にて
いかなる土木工事にも欠くべからざるもの
それが土工なり

一、生ある大地からのメッセージを聞き
漏らさず肌理細かな応へを求むるもの
それが土工なり

一、切り盛りを量りて
不用の余り土を出さぬを範とするもの
それが土工なり

一、天地が却の時をもて育めるかけがえなき表土の
回復を大地へのたしなみとするもの
それが土工なり

一、一切り、二盛り、三抜、四刺しを
大地鎮めの心とするもの
それが土工なり

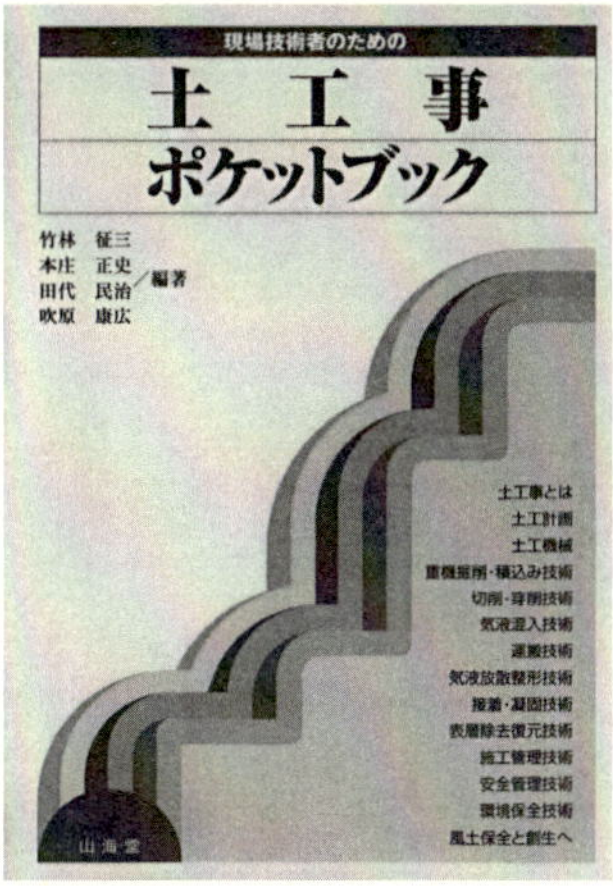

為による変更技術と言えよう。

全ての土木工事の中で一番の基本は土工事であると考える。土木工学の中には道路工学とか河川工学とか鉄道工学とか、港湾工学などというジャンルがある。しかし土木全体の中で一番重要なのが土工事ではないか。しかし、土工事を対象とする書物はない。そのようなことにより「土工事ハンドブック」を出版することにした。

その発刊の意図・思いを「土工五訓としてとりまとめ著作の巻頭に掲げることとした。

3　堰堤づくり五訓

私は長年ダム工事に従事してきた。マスコミは土木事業、とりわけダムに対しては環境破壊の元凶論、ムダ論等で徹底的に打撃をし続けた。その結果、国交省の全組織からダムの名は消えてしまった。ダム技術者は意気消沈してしまっている。ダムづくりは全ての土木技術の基本である。この大変な逆風の中にあってもダム技術の誇りを忘れてもらっては困ると考え堰堤づくり五訓をつくった。

これまで長年堰堤づくりに従事してきたが、堰堤づくりは土木技術を駆使してつくるものの中で際立った特筆すべきものがある。それを五訓のかたちでまとめてみた。人類がつくる構造物の中でおそらく最大の構造物が堰堤づくりではないだろうか。黒部ダムとかアメリカのフーバーダ

堰堤づくり五訓

一、ものづくりの実学の祖にて雄たる
土木工学にありてあまたの工種を
集む総合土木の華
それが堰堤づくりなり

一、田畑、集落、都市に災ひする
激流・奔流を鎮め人びとに
とりて恵みの流れにかへるものづくり
それが堰堤づくりなり

一、あまたの土木の工種が縦荷重の
扱ひを主とするに水圧なる巨大
横荷重に抗するを求むる唯一のもの
それが堰堤づくりなり

一、様相萬化の大地よりしかと岩が根を
選びて岩着の心を旨とする
天下無双のものづくり
それが堰堤づくりなり

一、人智を究めし先端最新技術を
集ひて匠の心眼・鈍重設計を
求めるもの
それが堰堤づくりなり

ム等の現地に佇めばその巨大スケールに圧倒される。ダム建設事業に従事すれば、橋とかトンネルとかいろいろな工種のものがある。それらの組み合わせである。総合土木の華といわれている。

○ダムは大出水時の押し寄せてくる激流奔流を食い止めなければならない。下流の人々を洪水から救ってくれていることを実感する。大渇水時、貯水の量を見れば安心感を持つ。

○土木構造物はほとんどが垂直方向の荷重により設計されているが、ダムと吊り橋のアンカーブロックのみは横方向荷重の剪断によって設計される。

○ダムサイトの基礎掘削を終われば、岩盤検査を受ける。どのダムサイトの地質も非常に細かく断層により分断されている。そこで施工の一番大切なことが岩着である。着岩面を雑巾でゴミやホコリなどないようにしてからコンクリートが打設される。ここまで岩着にこだわる構造物はダム以外にない。

土木技術もどんどん進展していく。あらゆる先端技術を駆使して築造されるが、いつも原点に立ち帰って検討してつくられる。ものすごく保守的な技術でもある。それを鈍重設計と称している。

4　『鋼製ゲート百選』とゲート五訓

地域の社会基盤、施設づくりの実学が土木工学である。土木のものづくりに主として用いられる素材は、その地の土や岩石、それにそれらの石（砂利）と岩と水、石灰岩によりつくられるセメントとの化学化合物であるコンクリート、さらには、鉄鉱石よりつくられる鉄、また杭とか柵とかに用いられる木材等があげられる。土木はそれらを自在に用い、社会基盤である道路や橋、トンネル、堤防や堰堤等の施設がつくられる。

それらのうち、鉄でつくられる土木施設としてすぐに思い浮かぶのは、橋梁であろう。橋梁の設計法の実学が橋梁工学であり、古くより土木工学の中にあって一つの重要な部門とされてきている。鉄でつくられる土木施設としては、橋梁とともに重要なものとして、堰や水門のゲート類があることを忘れてはならない。

橋梁は、広い川を横断しているので非常によく目立ち、存在感がある。形状・形式もいろいろなものがあり、見た目の変化もある。土木施設の中でもっとも一般の人の目にとまるということかもしれない。一方、ゲートも同じようにいろいろなタイプがあるが、それらは巨大なダムや延々と続く堤防の一部に組込まれているので目立たぬことが多い。一般の人の目には、橋梁と比べて格段に目にとまることが少ないということであろうか、存在感が少ない。鉄の土木施設として、すぐにゲート類を思い浮かべる人は、土木のことをよく知っている人に違いない。

実社会でそれらを設計し製作しているのは、鉄橋と同じように鉄構メーカーの技術関係者である。ゲートの設計技術者の専門としての出身は機械工学、精密工学や造船工学、それに土木工学、まれには航空工学等々いろいろである。このことはどういうことであろうか。大学等で水門工学とか、ゲート工学とかを教えている先生がいるとは聞いたこともないし、そのような学校があるということも聞いていない。あるとすれば、機械工学関係なのだろうか、はたと考えてしまう。

鉄でつくられる橋については、橋梁工学に関する専門書もこれまで多く出版されてきているほか、『鉄橋百選』とか『日本百名橋』とかというある種の思い入れのもと、橋を讃えるものの対象としている本もまとめられている。

一方、わが国では、水門やゲートについての専門書は、ゲートメーカーの協会等でまとめられた技術基準やマニュアル類のほかには、見たことがない。ましてや、ゲートに対する思い入れがまとめられる気配など寡聞にうかがえない。

鉄でつくられる土木施設の二つの極端な対象である橋梁とゲートについていろいろ対比してみると、さまざまなことが明確に浮かび上がってくる。わが国においては、橋梁はきわめてまれなものを除いて可動のものは基本的にはない。一方、水門は可動することでその役割を果す。可動が基本である。

また、ダムの堤体を考えてみても、コンクリートや土石でつくられる動かない堤体に対し、放流設備は巨大水圧に抗し、水を制御するほか、漏水を許さないという橋梁よりもはるかに厳しい高度な技術が要求される。ダム堤体が人間の身体としたら、ゲートはとまることなく動きつづける心臓のような枢要なる役割なのである。

このようなことごとを考えながら、ゲートとは何か、ゲートの特性を五訓の形でとりまとめてみた。

ゲート五訓をとりまとめてみると、ゲートとは何かを鮮明に浮かび上がらせてくれた。鋼製ゲートはきわめて重要な土木の設計対象にもかかわらず、不当な扱いを受けていることに気づく。このようなことから、鋼製ゲートの重要性とその技術の深さを、どのように土木関係者のみならず、多くの一般の人にもわかっていただけるだろうかということを考えた。

そこで、『鋼製ゲート百選』を選定し、技術的にもきわめて高度なこと、さらには、社会的役割もたいへん大きく重要な施設であることを理解してもらえるようにまとめてみようと考えた。このようなことで、ゲートメーカーの設計の中枢メンバーと研究会を始めたのが「水門の風土工学研究委員会」である。

しかし、とりまとめにかかってはみたものの、そもそもゲートを設計する側も、ゲートを管理する側も、もともとそのような形でゲートをみるという視点がなかったので、管理に必要な最小限の設計図書は残されてはいるものの、ゲート百選の選定に必要な写真、文献等の記録がほとんど残されていない状況であった。調べれば調べるほど、新しい事項が順次わかってくるということで、当初の予定より大幅に不測の年月を要してしまった。

ゲート五訓

一、大略は不動の態でもて機能を果つる社会基盤施設の
中にありて唯一動の態でもて機能を果たすもの
それがゲートなり

一、巨大水圧に抗し開の態にて千変万化の流れを細やかに
御し閉の態にていささかも漏らさぬ美技を演ずるもの
それがゲートなり

一、大なる堤体にありて、大ならざるもその役割機能は
人体の心臓のごとく枢要たるもの
それがゲートなり

一、機械技術、土木技術等々、分派せしあまたの
ものづくりの実学・工学の智慧の集いて設計さる
総合工学の草、大地に産するものづくりの誉れ
それがゲートなり

一、八百萬の土木施設ものづくりの海にありて原点に復し
水の性を究め物を負し心眼にて設計するを技術者に
求めるもの
それがゲートなり

また、このような形で発刊するのも、そういう意味では一つの決断でもある。読者の方々から、これよりも古いゲートの実績があるというような新たな指摘も大いに期待した。

また発刊に至るまでには、たいへん膨大な技術資料を調査し、とりまとめのたいへんな努力を必要とする作業をしていただいた当研究会の方々、とりわけ中心となってやっていただいた貴堂巌氏、桜井好文氏、高橋伸氏の三人のご尽力は並々ならぬものであった。

また、中川博次先生をはじめ、水門技術者の諸先輩にも心温かきご指導をいただいた。

本書は、当初のとりまとめの意図のごとく、鋼製ゲートの役割を一人でも多くの方が理解して、鋼製ゲートに心よせる技術者が一人でも多く誕生することを願って作ったものである。

5　岩盤変状対応五訓

土木工事をすれば、土工事とか岩盤掘削が必ず伴う。要は掘削斜面をつくることになる。掘削斜面は大自然が長年かけて形成した自然斜面より急傾斜となる。斜面はそもそもいずれ時間の経過とともに安定化に向かう。安定化とは斜面崩壊ということである。それを防ぐために斜面法枠工等が実施される。大規模な斜面崩壊は大災害となる。何が何んでも食い止めなければならない。どのような変状もはじめはわずかな微兆候から始まる。出来るだけ早期に兆候に気付き対処すれば簡単に安定化できるが、手遅れになると実に厄介なことになる。岩盤変状対応五訓をつくって

岩盤変状対応五訓

一、弾性的変状から塑性的変状への移行時には必ず微徴候がある

一、早期に対応すれば簡単な対策で変状は止まる

一、十分な対策をとったつもりでも思わぬ事変が生じるものである

一、対策も最後の追加・プラスアルファのダメ押しが重要

一、手遅れになればどんなことをしても止まらないカタストロフィーに至る！

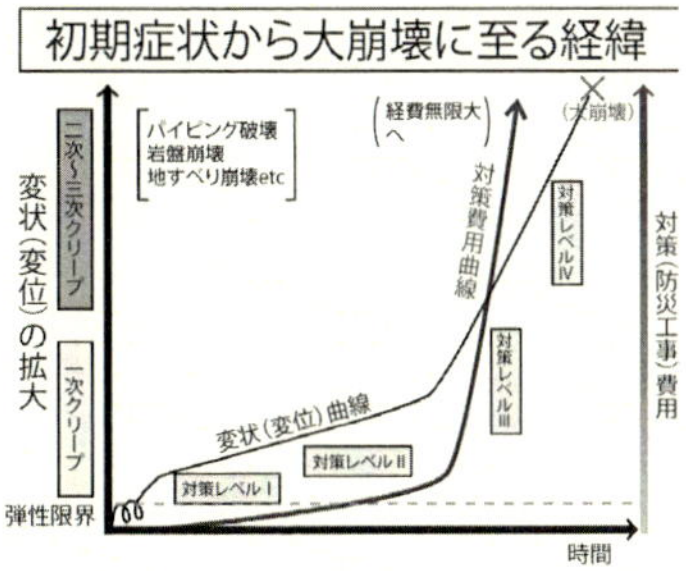

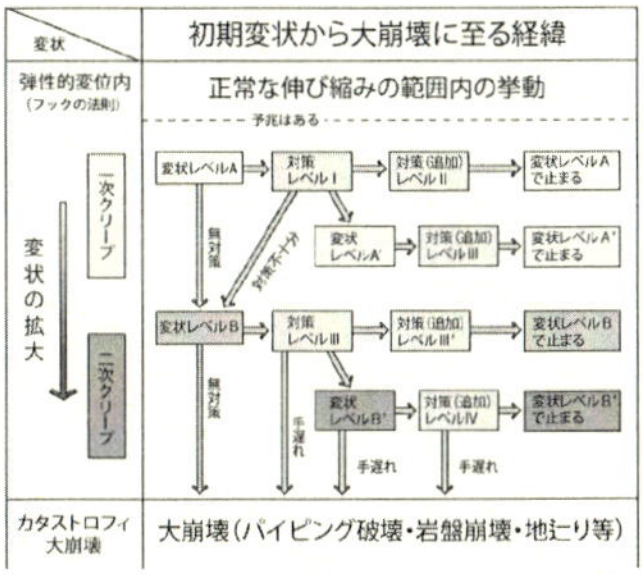

みた。

6　環境防災五訓

一、大自然災害は最大の環境破壊である
一、従って災害を少なくする減災とか防災事業は環境保全の根幹である
一、全ての災害は自然現象と人間の営みとの共同作品である
一、災害の原因は自然現象と人為の境界はなく連続体である
一、災は大自然による地震、水害、火山、火災津波、微生物、詐欺やドロボー、テロ等々
一、災は人間の三毒　貪（むさぼり）・瞋（ねたみ）・癡（無知）により無限に増幅されていく。災の連鎖である

「環境防災」とは何か―これは、「環境」と「防災」という全く関係のない2つの概念をただ並列で並べたものではない。

2つの概念は、互いに密接不可分な関係にあり、互いに補完しあわなければ、健全な体系にならない宿命を背負っている。

災害は最大の環境破壊である。その災害を減らそうとする防災は、環境保全対策の最も重要な

根幹をなすものである。したがって、防災を考える時、望まれる環境形成にいかに資するか、という視点が最も重要な目標であらねばならない。

環境とは、人間および人間社会を取り囲む森羅万象すべてである。その環境は、人間にとって最も大切にしなければならない人間に恵みをもたらす表の一面と、実は人間および人間社会が立脚する社会基盤を壊滅的に破壊する大変厳しい災いをもたらす恐ろしい裏の一面の表裏両面で構成されている。

環境問題を論ずる場合、表面ばかりに焦点を当てがちであるが、絶対に忘れてはならない災いをもたらす裏の一面をややともすれば忘れがちであり、表裏両面が適切に評価されていない場合がある。両面を共に同じウエイトで評価しなければ、大きな誤りの結果へと繋がる。

環境防災学として体系付ければ、環境と防災の両面が相互に補完しつつ、一つの大きな体系が構築されることがわかる。環境防災学として論ずれば、見落としがちな両面を必ず適切に、かつ過不足なく論ずることができる。

環境問題が社会的に大きな問題となって久しい。環境に関しては、百家争鳴の感がある。色々な環境論が唱えられてきたが、「災害が最大の環境破壊だ」という論は、これまであまり聞いたことがない。これまでの環境論は、人々に恵みを与える環境論がほとんどであって、人類を滅亡に導かんとする恐ろしい環境破壊である災害については、環境問題とは一切関係ない防災問題として取り扱われてきた。

一方、日本は災害大国であり、毎年全国いずれかの地で大災害が生起している。その都度、災害復旧で国の予備費が切り崩されていっている。災害復旧の基本は、原形復旧であることだが、肝心な復旧後のビジョンについて語られることがない。被災地は全国から色々な支援を受け、ひたすら復興に向けて取り組まねばならぬ長い辛苦の道のりがある。すなわち、防災では、その時々の災いに対し、何らかの夢のあるビジョンが語られることはなかった。

「環境」と「防災」という二つのバラバラな概念は、まるで環境防災という赤い糸でいずれ結ばれることが前世から運命づけられていた、未来のある少年と少女のようなものである。環境防災という赤い糸で結ばれて素晴らしい夫婦となり、立派な子息も誕生して、未来に皆が羨むほどの素晴らしい家庭、すなわち誇りうる豊かな環境の国土が形成されていくこととなる。

環境防災学の理念と枠組

環境防災学の枠組を考えて見たい。

環境という概念も防災という概念も共に社会的存在として人間が、人間をとり囲む森羅万象全ての自然環境すなわち水圏の自然、地圏の自然、気圏の自然、生類圏の自然との間でやりとりする。課題・テーマが環境問題であり、防災問題なのである。

環境問題を深く知れば知る程環境問題を敬することとなる。

この間のことを学ぶのが環境マネージメントの学問領域であり、又、防災問題を深く知れば知る程に、防災問題の深さがわかり敬することとなる。この間のことを学ぶのが防災マネージメントの学ぶ学問領域である。

環境と防災の知・敬を踏まえて、その他に馴じむ環境防災の地域づくりが環境防災テクノロジーなのである。

見方を変えると、社会的存在としての人間が人間をとり囲む森羅万象全ての自然系との間でやりとり課題テーマとは自然環境生態エコシステムに対する理解であり、自然・地球のダイナミズムに対する理解ということになる。

さらに、環境生態エコシステムと地球のダイナミズムの理解とは何か、確かな自然系の理解と人間社会系の理解という知識に立脚した、相互作用・作用・反作用の理解と変化と循環の理解さらにはエコシステムの理解という知を深めることである。三つの理解の知を深めるということが環境マネージメントと防災マネージメントと環境防災テクノロジーの三つの対処の知恵ということである。

更に見方を深めて考えてみる。

図の縦軸は自然の度合、人為の度合を示している。見方を変えれば自然系と人間社会・人為との間の Action に対する作用・反作用軸ということである。

地球のダイナミズムの理解は自然度が高く人間の活動行為は人為度が高い。その間に自然の作用反作用のエコシステムの理解が位置付けられる。

横軸は時間軸であり、短期のAction作用に対し、その結果として作用・反作用の相互複合としての馴応・遷移系の時間的には長期の結果となる。

この縦軸・横軸系の座標に三つの環境防災のアプローチ、防災マネージメントと環境防災テクノロジーを図示した。縦軸からの評価としては防災マネージメントと環境マネージメントは自然系の度合が高いのに対し、環境防災テクノロジーは人為系の度合が高く、環境マネージメントはその中間に位置付けられる。

一方、時間軸から評価すると防災マネージメントと環境防災テクノロジーは、より短期的度合が強いのに対し、環境マネージメントはその反作用ということなのでより長期的度合が高くなる。

7　名数化と科学

（1）名数化

風土工学で有用な価値評価の手法として名数化がある。諸々の事象について同じようなものを一つのグループにまとめて、それらに共通してふさわしい名前○○をつける。そしてその○○がいくつあるかを数える。又は先に△△があり、△△にふさわしいものを集めてきていくつあるかを数える。この手法を名数化という。

名数化の事例として日本百名山とか日本を三景と称することや、琵琶湖八景と名付けることは

『環境防災』五訓

一、最大の環境破壊は大（自然）災害なり

一、災害を防ぐ防災・減ずる減災は
　　環境保全の根幹なり

一、環境とは居住空間の四周に
　　災害を防ぐ壁・濠を
　　巡らせることなり

一、日本列島は九難の災害の
　　宿命を背負っている

一、災害は人為・三毒により
　　更に更に拡大してゆく
　　（風土には夥しい災害の
　　宿命が刻されている。）

環境とは四周に“つつみ”を築くこと

―「環境」とは「防災」のことなり―

○中国の古典に「環境」の用語が出てくる

○「環境」とは四周の「境」に外敵からの防禦のために擁壁（要塞）を環（めぐらす）こと

○因みに、現在の環境と同じ概念は「環象」と記されている
（『元史の余闕伝』に環境築保砦とある）

名数化である。名数化することでそれらが他と識別されて価値が生まれてくるのである。

学問の基本は分類学である。全生物は何種類いるのであろうか。リンネの分類法がある。同じ特徴のものを集めて名前をつけどんどん細分して行く。それをすることにより生物種の系統図が出来てくる。

この名数化は全ての学問の始まりである。風土工学は良い面のみに着目するのである。水五訓とは水の有する素晴らしい性質を数え上げて文章化したものである。名数化のひとつとして位置づけられる。

（2）科学とはなんなのか

科学とはなんなのか？

私どもは科学は正しい、宗教は信じては駄目だという強烈な科学教の教育を受けて育った。仏教は非常に科学的ではないか？　一体科学とは何なのか？

科学は漢字である。その意味することを白川静の『字統』で調べると『科』は稲・穀物を一定量計る器とある。壷に同類項を入れてそれにふさわしい名前を付けることである、という。『学』は屋上に両手を示す臼に入る子弟だという。秘密的な厳しい戒律下の生活がなされた、とある。そうかオーム真理教のサティアンのようなところである。

したがって学会とは同じ蛸壷の中の仲良しクラブで異分子が入ってこようものならスクラムを

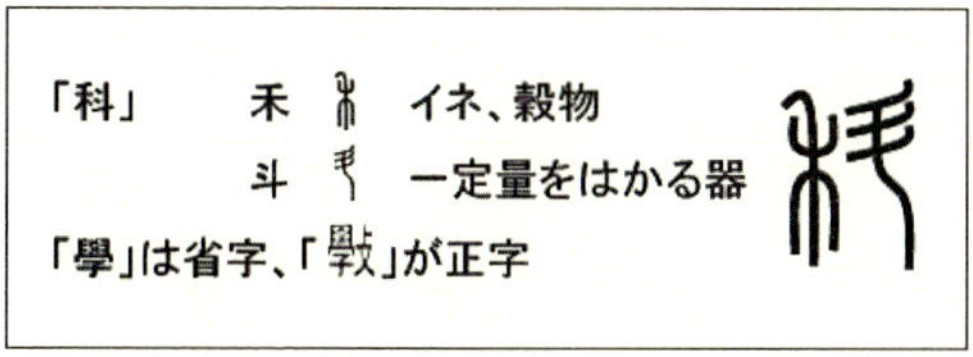
「科」 禾 イネ、穀物
斗 一定量をはかる器
「學」は省字、「斆」が正字

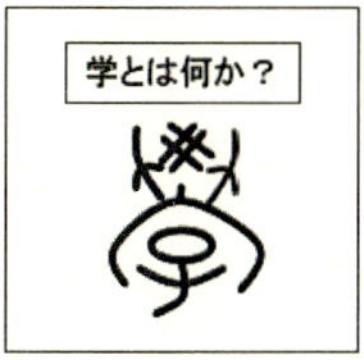
学とは何か？

組んで追い出すのである。

漢字の概念は駄目だ。やはり英語の概念でなければという人がいるので、英語の語源を調べた。科学・SCIENCEの語源はSEPARATE ONE THING FROM ANOTHER、CUT、SPLITとある。SCIENCEとは連続体に（同類と異類を見分けて）切り目を入れて、壷に入れて、それにふさわしい命名ラベルを貼ること、それをどんどん細分化していくこととある。漢字も英語も全く同じ語源であった。

従って、科学の弱点と弊害は、壷と壷との“ハザマ”が不整合となってしまい、全体が見えないことになってしまう。

科学とは連続体に同類と異類のところを見分け、切れ目を入れどんどん細分化していくのである。物質を細かくすれば分子になり、分子をさらに細かく分ければ原子になり、さらに細かくすれば中性子や素粒子等にわけていくことにより、最先端物理学は大自然を解明してきた。正に科学の方法は混ぜればゴミ、分ければ寶という事である。マグロも分ければ上トロから赤身等に分かれて価値が生まれる。牛肉も分ければロース、サーロイン、からバラ、レバー等に分かれて価値が生まれる。

しかし科学の方法論にも弱点と弊害がある。蛸壷と蛸壷のはざま、全体として見た場合の不都合、不具合は不得意である。リンネは科学の方法論で870万種以上ある生物を次々分類し125万種の生物を分類したのが全生物分類系統樹である。まだ残りの700万種も今後次々分類されていくことだろう。その結果、人類の進化の過程も分かってきた。

物事の真理を究める方法は科学以外にないのだろうか？　目を閉じて静かに考えると突如ひらめき覚醒するのである。弘法大師さんはそのような方法で真理をどんどん極めていかれた。科学の方法では悪魔は悪い。しかし瞑想すれば悪人でも非常に善人の面もあるではないかという真実に気が付く。西洋の悪魔は100パーセント悪だが、日本の鬼は素晴らしい善の一面と、恐ろしい一面の両面がある。最先端物理学の世界で湯川秀樹から多くの日本人がノーベル賞を受けた。西洋の思考法では波動的性質と粒子的性質を両面を持つ存在など考えられないのである。日本人は表裏二面性があることをよく理解している。科学の方法で大きな成果を上げたものにリンネの生物分類法がある。ドンドン同類項と異類項を細分してゆけば全生物分類系統樹が出来た。最近の遺伝子学の進歩で次々新しいことが解き明かされてきたが、リンネの分類が殆ど正しい事の追体験であった。

科学とは全て連続体であるものに切れ目を入れて命名することであることがわかってきたのである。

真実を極める方法論

○科学…壺学
①同類と異類の仕分け。どこが同じでどこが違うか
②同類を一つの壺に入れ、それにふさわしい名前、ラベルを付ける
○瞑想…目を閉じて静かに考える。ひらめく。覚醒。
波動的性質と粒子的性質を合わせ持つもの何だろう
…最先端物理学・湯川秀樹
○仏教…空海

全生物分類系統樹

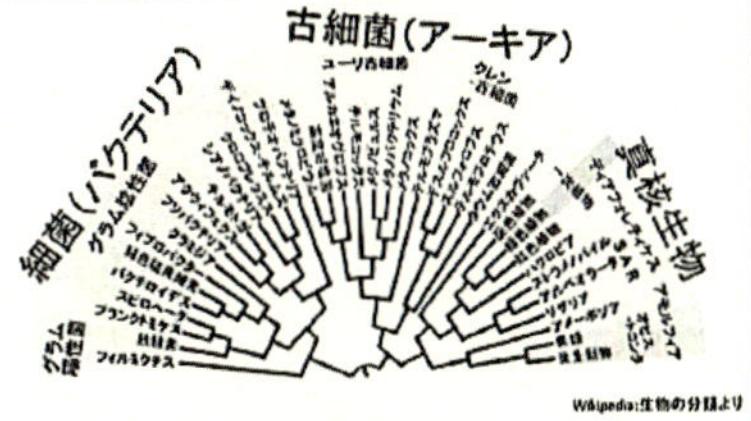

Wikipedia:生物の分類より

生物分類学

和名	英名	ラテン語	例ヒト
ドメイン	domain	Region	真核生物
界	kingdom	regum	動物界
門	division	divisio	脊椎動物門
網	class	classis	哺乳類
目	order	ordo	サル目
科	family	familia	ヒト科
属	genus	genus	ヒト属
種	species	species	H.Spiens

◎科学に欠けているもの
○人間の身体は心と一体である。科学は心身一体として見られない。
○実態にふさわしい名前をつける。名実一体なのである。命名権ビジネスなどは分けられないものを分けている。
○貨幣は表裏一体である。分ければ貨幣の価値はなくなる。
○学と学の間、学際は上手にあつかえない。

○いくつかの学問を束ねて全体として見ることが不得意である。

○極小宇宙が多く集まって小宇宙を構成し、小宇宙が多く集まって中宇宙をつくり、中宇宙が多く集まって大宇宙を構成し、大宇宙がいくつか集まって極大宇宙を構成している。宇宙は「入れ子」構造になっていることを見るのが不得意である。

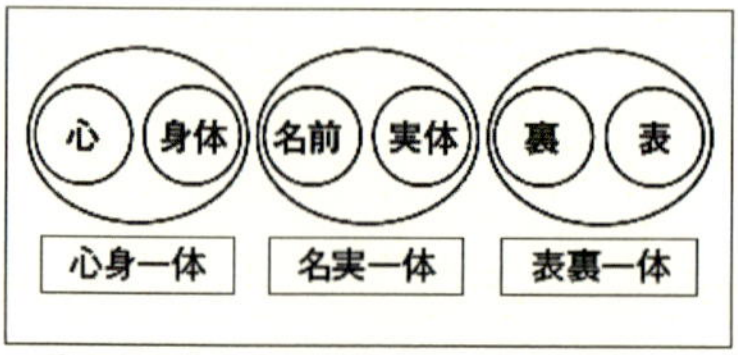

一体不可分なものを分けてしか見られない

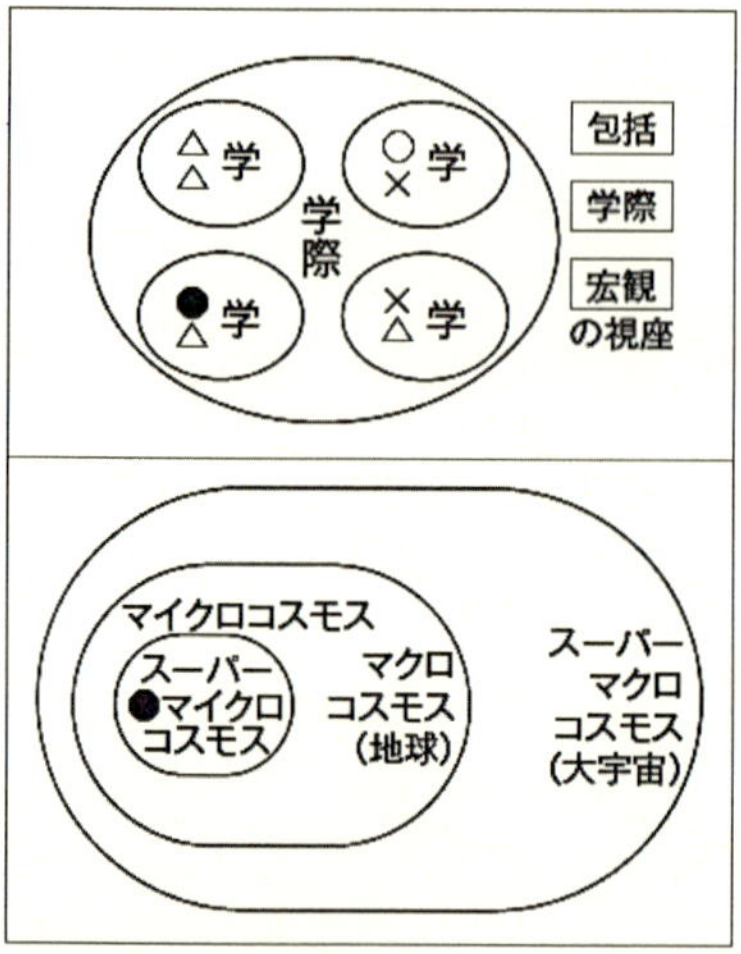

科学に欠けているもの

おわりに

五訓シリーズを作る契機になったのは、建設省河川局長室に永年「水五則」の書がかけられていて水の特性をうまく表現したものだと感心していた。その内容のもとは、老子や孫子の兵法等に記されていることを知り、さすが、中国の歴史に残る先賢思想家は素晴らしいと思った。

そのうちに、水五訓を誰が作ったのかを追求している方が多くいることを知った。私自身としては誰によってつくられたのかということよりも、そのもととなった思想の方に興味があった。そして水五訓と同様に大地や大気や生類さらには環境や風土について考えなければならないと思った。

又、風土工学を提唱してきたので、風土工学のいくつかの大切な手法のうち、「名数化」というものがある。風土工学では、各地の風土の宝（風土資産）を調べ、それと同種同類のものがいくつあるかを数え上げる手法である。風土調査で現地に入り、風土の宝にめぐりあう。ただただ素晴らしさに感激してばかりではいられない。何故素晴らしいのか、これと同種・同類のものがここにもある、あそこにもある、と気が付き数え上げるのである。それを集めれば五訓になる。

日本各地を調べれば、いくつもの名数化事例に出くわす。日本三大峠・日本三景・日本三奇橋、〇〇七不思議・日本三大急流・日本百名山等々無数にある。

それらのうち日本百名山はめずらしく作者は明確だが、他はほとんどは誰がそう言っているのかわからない。ましてやそれを選んだ根拠などもわからない。調べれば、選ばれたもの以上に素晴らしいものがあったり、ちがうものがあげられていることもある。日本三大峠をかつて調べると、三大峠と言われているものは全国で六つあった。それに異を唱えるよりも、そのことにより深く考えて見る機会を得たことの方がより価値がある。そのように、地域の素晴らしさ誇れるものを数え上げて見ることが日本の文化なのである。

大地五訓・大気五訓・生類五訓などは、あまりそのようなことに気がついていない視座に気づくきっかけになってほしい。また、環境五訓などは、環境とは何かを深く追い求めた先賢がおられたことに驚嘆したのである。華厳宗の智儼が華厳十玄門を考えられた。最先端物理学者のフリッツチョフ・カプラ博士も環境八法則を考察していたのである。

参考文献

○「老子の哲学」大濱皓著、勁草書房 1962、pp383
○竹林征三：佐佐木綱他「景観十年・風景百年・風土千年」蒼洋社
○竹林征三、本庄正史、田代民治：「土工事ポケットブック」山海堂
○「大地五訓」―水を知り、大地を敬う―竹林征三：「土木施工」第36巻第6号、pp80～83、１９９５．５
○「実務者のための建設環境技術」竹林征三編著、山海堂、１９９５．７．15
○「東洋の心に学ぶ環境学」竹林征三：「ダム技術」№１０４、ｐｐ４～15、１９９５．５
○竹林征三：「大気環境問題と大気五訓」第21回日本道路会議論文集、１９９５．10
○竹林征三：「水は巡る・環境は巡る―水五訓と環境五訓―」土木技術資料、第38巻第10号、１９９６．10
○観応：「華厳五教章冠註」第45巻ｐｐ５０３
○フリッチョフ・カプラ著、吉福伸逸 etc 訳：「タオ自然学」工作舎発行、１９７１．11
○フリッチョフ・カプラ、アーネスト・カレンバック著、靏田栄作編訳：「ディープ・エコロジー考」校成出版社、１９９５．６
○竹林征三：「生物の種・絶滅危機と生類五訓」土木技術Ｖｏｌ．51－8、ｐｐ26－34、

１９９６．８
○竹林征三：「風土工学誕生の歴史的時代背景」土木技術資料38－11、ｐｐ20～25、土木研究センター、１９９６．11
○竹林征三：「地域おこしの構造と風土工学の役割」ダム技術、№１２０、論説、ｐｐ15～24、１９９６．９
○「風土五訓と風土工学」JACIC情報、１９９７．１、45号、ｐｐ１０２～１０５
○「水五則、その由来について」松田芳夫：『河川』平成21年7月号、ｐｐ57～59
○竹林征三：「風土工学序説」技報堂出版、１９９７
○竹林征三：「風土工学の視座」技報堂出版、２００６
○竹林征三：「土工事ポケットブック」山海堂、２０００．４
○竹林征三：「鋼製ゲート百選」技報堂出版、２０００
○竹林征三：「水門工学」技報堂出版、２００４
○竹林征三：「ダムの話」技報堂出版、１９９６
○竹林征三：「続ダムの話」技報堂出版、２００４
○竹林征三：「環境防災学」技報堂出版、２０１１．８
○竹林征三・田村喜子：「鬼かけっこ物語」北上市鬼の館、２００２．３
○竹林征三：「湖国近江の水の道」サンライズ出版、１９９９

○風土工学研究所：「早池峰権現あずまね太郎物語」、２０００．10
○竹林征三講演録、「森吉山・小又の渓谷、諸美の里のローカルアイデンティティを考える」、２０００．３
○竹林征三：「禹之瀬と禹王と信玄―禹之瀬開削三十周年―」風土工学だより第60号、２０１７．11

最後に

過去の資料を整理していると、関西電力の境川ダムの調査横坑の深いボーリングの先から深層水が出てきた、それを五箇白山神水と名付けて五訓を作っていた。『五箇白山神水五訓』というものを作っていたものが出てきた。

一．飛越国境の岩の根幾千尺
　深所に閉づこと幾年計り知れず
　劫なる眠りより目覚めし時空封印の水
　それが五箇白山神水なり
一．険峻なる山襞
　霊峰登拝の道深き白山にありて
　其の大龍脈より湧き出づる生気充溢の水
　それが五箇白山神水なり
　一．越中に布教の旅を重ねける蓮如
　病に倒れし折、蘇りぬと伝う霊水
　それが五箇白山神水なり
一．二十世紀の科学が解き明かした神秘
　本邦に並ぶもの無き、超酸化還元電位の水
　それが五箇白山神水なり
一．飲みて佳し、割りて佳し、茶にして佳し
　冷やして佳し、凍らせて佳し
　世界遺産の郷の五佳の水
　それが五箇白山神水なり

折角作ったものなので、備忘の為に最後に追記しておきたい。

竹林征三・プロフィール

昭和42年京都大学土木工学科卒
昭和44年同大学院修士課程修了。建設省入省
平成9年土木研究センター風土工学研究所長
平成12年富士常葉大学環境防災部教授・付属風土工学研究所長
平成23年風土工学デザイン研究所理事長・環境防災研究所長
「風土工学」「環境防災学」の二学を構築し、その普及啓発に努めている。
著書に「風土工学序説」「環境防災学」「ダムのはなし」他多数
受賞として、科学技術長長官賞、最優秀博士論文賞（前田工学賞）日本水大賞（特別賞）他多数。

環境五訓・風土五訓物語　定価1,500円+税

2018年6月1日　初版1刷発行　ISBN　978-4-907161-98-9

著　者　竹林征三
富士常葉大学名誉教授・工学博士
発行人　細矢定雄
発行所　有限会社ツーワンライフ
〒028-3621　岩手県紫波郡矢巾町広宮沢10-513-19
TEL：019-681-8121　FAX：019-681-8120